ZEITSCHRIFT FÜR ANGEWANDTE GEOLOGIE

HERAUSGEGEBEN VON
DER STAATLICHEN GEOLOGISCHEN KOMMISSION
UND DER ZENTRALEN VORRATSKOMMISSION
DER DEUTSCHEN DEMOKRATISCHEN REPUBLIK

AUS DEM INHALT

BAND 6 / HEFT 9
SEPTEMBER 1960
SEITE 417—472

AKADEMIE-VERLAG · BERLIN

Die ZEITSCHRIFT FÜR ANGEWANDTE GEOLOGIE berichtet ständig ausführlich über folgende Arbeitsgebiete: Geologische Grundlagenforschung und Lagerstättenforschung / Methodik der geologischen Erkundung / Ökonomie und Planung der geologischen Erkundung / Technik der geologischen Erkundung / Geologie und Lagerstättenkunde im Ausland / Bibliographie, Verordnungen, Richtlinien, Konferenzen, Personalnachrichten

Die ZEITSCHRIFT FÜR ANGEWANDTE GEOLOGIE ist kein Organ einer engen Fachgruppe. Auf ihren Seiten können alle strittigen Fragen der praktischen Geologie behandelt werden. Die Autoren übernehmen für ihre Aufsätze die übliche Verantwortung.

ZEITSCHRIFT FÜR ANGEWANDTE GEOLOGIE

CHEFREDAKTEUR: PROF. DR. E. LANGE

BAND 6 · SEPTEMBER 1960 · HEFT 9

Zur internationalen Tagung für ingenieurgeologische Kartierung der im Rat für gegenseitige Wirtschaftshilfe zusammengeschlossenen Länder

vom 18. 10. bis 24. 10. 1960 in Berlin

Die Ingenieurgeologie hat sich in den letzten 40 Jahren als selbständige Teildisziplin aus der Geologie entwickelt. Während sich die ingenieurgeologische Tätigkeit zu Beginn unseres Jahrhunderts fast ausschließlich auf die gemeinsame Beratung von Ingenieuren und Geologen beim Baugeschehen — bei der Anlage von Eisenbahnen, bei Hohlwerksbauten (Tunneln) oder beim allgemeinen Ingenieur-Hoch- und Tiefbau — beschränkte, hat sich heute das Berufsbild des Ingenieurgeologen entwickelt. Er wird bei allen durch Menschenhand verursachten und auch bei natürlichen, sich unter Umständen katastrophenähnlich vollziehenden Veränderungen der Erdoberfläche zu Rate gezogen. Die Arbeit des Ingenieurgeologen findet ihren Ausdruck in Gutachten, die beim Baugeschehen entsprechende Gründungsmaßnahmen oder in naturkatastrophengefährdeten Gebieten geeignete Vorkehrungen empfehlen. Auf Grund der jahrzehntelangen Kleinarbeit bei Gutachten und Laboratoriumsuntersuchungen ist dabei der Wunsch entstanden, die vielen Einzelbegutachtungen durch eine geeignetere Form zu ersetzen. Das wurde auch dringend erforderlich durch die bei dem stürmischen Aufbau des Sozialismus vielfältig anfallenden Aufgaben, die es kaum noch zulassen, jedes Bauvorhaben ingenieurgeologisch zu bearbeiten. Um den ständig steigenden Anforderungen überhaupt noch gerecht werden zu können, ging man in den letzten Jahren dazu über, anstatt der Gutachten ingenieurgeologische Karten anzufertigen, durch die den planenden Dienststellen und den projektierenden Ingenieuren ausführliches Material in flächenmäßiger Darstellung in die Hand gegeben wird. Den Anforderungen der Praxis entsprechend, muß man dabei zwei große Gruppen unterscheiden. Zur ersten Gruppe gehören Karten kleineren Maßstabes, die der Planung eine Unterlage über die Standortwahl der Bauobjekte geben sollen, während die zweite Kartenart in größeren Maßstäben angefertigt wird, um eine Unterlage für die Projektierungsarbeiten zu schaffen. Je nach Art der Planungsabsichten (oder der Bauvorhaben) und der unterschiedlichen geologischen Verhältnisse kann man weitere Unterteilungen vornehmen, so daß heute vier Kartengruppen unterschieden werden, die den objektiven Erfordernissen Rechnung tragen und gleichzeitig eine Parallelschaltung zu den gebräuchlichen Planungs- und Projektierungsstadien gestatten.

Auf Grund der in den sozialistischen Ländern bestehenden Ansichten kann man etwa folgende Gruppen unterscheiden:

1. Ingenieurgeologische Übersichtskarten im Maßstab 1:200000 und kleiner
2. Ingenieurgeologische Situationskarten im Maßstab 1:25000 bis 1:100000
3. Ingenieurgeologische Spezialkarten im Maßstab 1 : 10000 bis 1: 25000
4. Ingenieurgeologische Detailkarten im Maßstab 1: 5000 und größer

Allerdings gibt es auch heute noch unterschiedliche Auffassungen hinsichtlich der Grenzmaßstäbe zwischen den einzelnen Kartengruppen, während über den Inhalt der zu den verschiedenen Gruppen gehörenden Karten schon weitgehend Klarheit herrscht.

Das vor uns liegende Problem besteht darin, einheitliche Formen der Darstellung zu finden, wobei man sich gleichzeitig mit der Frage zu beschäftigen hat, ob eine Vereinheitlichung auf diesem Gebiet gerechtfertigt und eine „Normung" der ingenieurgeologischen Kartierung überhaupt möglich ist. Um alle diese Fragen zu klären, werden die Vertreter der Ingenieurgeologie der im Rat für gegenseitige Wirtschaftshilfe zusammengeschlossenen sozialistischen Staaten in der Zeit vom 18. bis 24. Oktober in Berlin zu einer Tagung zusammenkommen.

Wir heißen die Vertreter der Sowjetunion und der Volksdemokratien Albanien, Bulgarien, Polen, Rumänien, ČSSR und Ungarn zu dieser Arbeitstagung recht herzlich willkommen und wünschen ihnen eine erfolgreiche Arbeit. Die Aufstellung einer Methodik für die Anfertigung von ingenieurgeologischen Karten stellt eine der bedeutungsvollsten Aufgaben der Ingenieurgeologie der neueren Zeit dar und kann in ihrer Tragweite gleichgesetzt werden mit den Bemühungen, die in der zweiten Hälfte des vorigen Jahrhunderts dazu geführt hatten, eine systematische geologische Kartierung in Gang zu bringen.

Richtlinie des Zentralen Geologischen Dienstes zur Durchführung geologischer Untersuchungsarbeiten für den Bau von Talsperren

1. Allgemeines

1.1 Diese Richtlinie wird in Anlehnung an die DIN 19.700 „Stauanlagen-Richtlinie für den Entwurf, Bau und Betrieb, Teil 1, Talsperren" und die DIN (I) „Untergrund- und Bauwerksverpressungen, Richtlinien für Planung uud Ausführung" aufgestellt. Sie soll Hinweise über die Art der geologischen Voruntersuchungen, der laufenden geologischen Betreuung und die Durchführung von Schurf- und Bohrarbeiten und deren Auswertung beim Bau von Talsperren geben.

1.2 Die geologische Mitarbeit beim Bau von Talsperren beginnt bei der Planung, erstreckt sich über die einzelnen Projektierungsstadien bis in die Bauzeit und endet nach dem Abschluß der Bauarbeiten.

1.3 Die Mitarbeit des für das Bauwerk zuständigen Geologischen Dienstes erfolgt nach einem schriftlichen Antrag durch den Investträger bzw. des durch den Investträger mit der Oberbauleitung beauftragten Betriebes.

1.4 Zwischen dem Geologischen Dienst und der Oberbauleitung (bzw. Investträger) werden bei größeren Objekten Verträge abgeschlossen, die jeweils auf ein Kalenderjahr befristet sind und in denen die jeweiligen Aufgaben festgelegt werden, die der Geologische Dienst übernimmt.

1.5 Von seiten des Geologischen Dienstes werden für die geologischen Voruntersuchungen und geologischen Arbeiten während der Bauzeit geeignete Fachkräfte zur Verfügung gestellt. Für die Beschaffung des während der geologischen Arbeiten benötigten Unterlagenmaterials wie Pläne und Karten sowie für die Durchführung von in diesem Rahmen anfallenden Erdarbeiten durch Subunternehmer (Schürfe, Bohrungen usw.) ist die Oberbauleitung (bzw. Investträger) verantwortlich.

1.6 Die Anträge auf Mitarbeit des Geologischen Dienstes müssen rechtzeitig, d. h. im allgemeinen etwa sechs Monate vor Beginn der fälligen Arbeiten, erfolgen.

1.7 Für die geologischen Arbeiten, die für Planung und Projektierung nötig sind, sind bei einfachen geologischen Verhältnissen ein Jahr, bei komplizierten geologischen Verhältnissen bis zu zwei Jahren anzusetzen. Ob einfache oder komplizierte geologische Verhältnisse vorliegen, entscheiden der Geologische Dienst und der planende Betrieb im Stadium der Perspektivplanung. Die geologischen Untersuchungen müssen abgeschlossen sein, wenn mit der Ausarbeitung des Projektes begonnen wird. Das geologische Gutachten über die Voruntersuchungen ist drei Monate nach Abschluß der Geländearbeiten fällig.

1.8 Die geologischen Arbeiten gliedern sich in:
a) geologische Voruntersuchungen für die Planung und Projektierung,
b) Baudurchführung,
c) Abschlußarbeiten.
Ein Schema, in welcher Weise die geologischen Arbeiten in die Struktur und den Planungs- und Projektierungsablauf des Amtes für Wasserwirtschaft einzufügen sind, ist als Anlage beigefügt.

2. Geologische Voruntersuchungen für die Planung und Projektierung

2.1 Für die Vorplanung wird eine geologische Spezialkartierung im Maßstab 1:5000 des Stauraumes und eine geologische Aufnahme in größerem Maßstab (etwa 1:1000) für den engeren Bereich der Sperrstelle durchgeführt.

2.2 Die geologische Karte des Stauraumes kann als Einblattkarte oder als Mehrblattsystem ausgeführt werden.

2.3 Folgendes muß aus der Karte ersichtlich sein:

2.31 Die Stratigraphie im Gebiet des Stauraumes.
Sollte die spezielle Stratigraphie aus der fertigen Spezialaufnahme nicht erkennbar sein, ist es nötig, die Kartierung nach Bedarf über den Stauraumbereich hinaus auszudehnen.

2.32 Der tektonische Bau des Kartierungsgebietes
Die Darstellungen sind durch Strukturkarten, Kluftrosen und Lagenkugeln zu ergänzen.

2.33 Die Elemente der Morphologie wie Terrassen, Steilhänge, Anlandungen usw.
Diese Darstellung muß auch einen Überblick geben über die möglichen Veränderungen, die sich im Stauraumbereich nach dem Anstau ergeben können. Durch Ansteigen des Grundwassers bedingte, neu auftretende Wasserflächen außerhalb des Stauraumes sowie Wege, auf denen Wasserverluste eintreten können, sind ebenfalls zu kennzeichnen.

2.34 Die Hydrogeologie des Untersuchungsgebietes
Aus diesen Darstellungen müssen die Grundwasserstände und der Chemismus des Wassers ersichtlich sein. Evtl. nötige Pegelbohrungen sind vom Investträger bzw. von der Oberbauleitung zu veranlassen.

2.35 Das unter 2.31—2.34 genannte Kartenmaterial ist durch Spezialdarstellungen, Fotografien, Blockbilder und anderes Anschauungsmaterial zu ergänzen.

2.36 Zu dem o. a. Kartenwerk ist ein Erläuterungsbericht (evtl. in Form eines Gutachtens) anzufertigen, in dem in einem Abschnitt zu den sich aus den geologischen Verhältnissen ergebenden ingenieurgeologischen Folgerungen Stellung genommen werden muß.
Folgende Fragen sind zu diskutieren:
a) Standsicherheit des Sperrbauwerkes,
b) Unterläufigkeit bzw. Umläufigkeit am Sperrbauwerk,
c) Abdichtungsmaßnahmen,
d) Standsicherheit der Ufer des Stausees,
e) Dichtigkeit des Stauraumes.

2.4 Zur geologischen Kartierung des Untersuchungsgebietes sind erforderlichenfalls Schürfe und Bohrarbeiten durchzuführen.

2.5 Im Staubereich und an der Sperrstelle sind die Spuren evtl. vorhandenen alten Bergbaues sorgfältig zu untersuchen und ihr möglicher Einfluß auf die Stauanlage festzustellen.

2.6 Alle im Bereich der Stauanlage auftretenden Lagerstätten sind zu untersuchen und zu bewerten, damit über geeignete Maßnahmen, wie Verlegung oder Beibehaltung der Sperrstelle, beraten werden kann. Das gleiche gilt für Lagerstätten, die außerhalb der Stauanlage liegen, aber durch den Anstau gefährdet werden können.

2.7 Gründung von Talsperren in Felsgesteinen

2.701 Nach der geologischen Kartierung erfolgen spezielle Untersuchungen im Bereich des geplanten Sperrbauwerkes und der evtl. in Betracht gezogenen Varianten.

2.702 Längs der Talsperrenachse sind Schürfe, ggf. ein durchgehender Schurfschlitz, anzulegen. Die Aufschlüsse sollen bis in den frischen, festen Felsen reichen und eine solche Größe haben, daß sie genaue (auch statistische) Aussagen über die Lagerungsverhältnisse und die tektonische Beanspruchung (Klüftung, Verwerfungen, Schichtung usw.) zulassen. Nach Bedarf sind auf Grund der Schürfergebnisse Bohrungen, Stollen oder Schächte zur weiteren geologischen Untersuchung durchzuführen.

2.703 Von den Festgesteinen sind technologische Prüfungen, wie Druckfestigkeit, Verwitterungsbeständigkeit, Porosität, Scherfestigkeit u. a., im Handstückbereich durchzuführen.

2.704 Als geologische Untersuchungsbohrungen werden grundsätzlich nur Kernbohrungen zugelassen. Im Anschluß an die Kernbohrungen sind Wasserdurchlässigkeitsprüfungen (ggf. auch Pumpversuche) und Probeinjektionen durchzuführen.

2.705 Die Bohrungen müssen sichere Aussagen über die geologischen Verhältnisse und die Durchlässigkeit des Untergrundes zulassen.

Die Tiefe der Untersuchungsbohrungen richtet sich ausschließlich nach den Untergrundverhältnissen und der Bauart des Sperrbauwerkes. Die Teufen der ersten Bohrungen müssen mindestens zwei Drittel der geplanten Stauhöhe betragen. Auf Grund der Untersuchungsergebnisse wird durch den Geologen, den Projektanten, den bauausführenden Betrieb und die staatliche Bauaufsicht die nach Durchführung von Abdichtungsarbeiten noch zulässige Durchlässigkeit des Untergrundes und die Tiefe des Dichtungsorganes festgelegt.

2.706 Von den Kernbohrungen einschließlich Wasserdurchlässigkeitsprüfungen und Probeinjektionen werden folgende Angaben benötigt (die unter d—i genannten Werte müssen von dem Betrieb, der die technischen Arbeiten durchführt, zur Verfügung gestellt werden):

a) geologische Schichtenfolge,
b) Kerngewinn in %,
c) Größe der einzelnen Kernstücke,
d) Wasserdurchlässigkeit in l/min/m,
e) verbrauchtes Injektionsgut in kg pro m,
f) verbrauchtes Injektionsgemisch in l pro m,
g) Mischverhältnis des Injektionsgutes,
h) angewendete Drücke bei der Wasserdurchlässigkeitsprüfung und Probeinjektion,
i) Messung des Bohrfortschrittes.

2.707 Die Wasserdurchlässigkeitsprüfungen sind meterweise durchzuführen. Die Verpressungsstufen sind den Stufen der Wasserdurchlässigkeitsprüfungen anzugleichen. Beide Untersuchungsarten sind von oben nach unten fortschreitend vorzunehmen. Bei der Bauausführung sind die Injektionsarbeiten unter Betonauflast auszuführen.

2.708 Den Wasserdurchlässigkeitsprüfungen hat ein gründliches Waschen des Untergrundes mit Druckwasser vorauszugehen, dessen Erfolg durch den ausführenden Betrieb in einem Diagramm darzustellen ist, so daß für jede Bohrung ersichtlich ist, ob ein Säubern der Klüfte tatsächlich zu verzeichnen ist.

2.709 Bei Wasserdurchlässigkeitsprüfungen sind vorläufig nur Einfachpacker zu verwenden. Der von Verfel, ČSSR, beschriebene Umkehrpacker sollte erprobt werden.

2.710 Im Rahmen der unter Punkt 2.706 und 2.707 genannten Untersuchungsarbeiten sind Messungen über die zulässigen Drücke bei der Injektion durchzuführen, damit bei der Bauausführung ein Aufwölben der zu verpressenden Schichten nicht vorkommen kann.

2.711 Für alle unter 2.706—2.710 genannten Arbeiten sind selbstschreibende Druck- und Mengenmesser zu verwenden.

2.712 Die obengenannten Bohrungen sind nach Bedarf als Einzel- oder als Gruppenbohrungen niederzubringen.

2.713 Die z. Zt. bei geologischen Untersuchungsarbeiten und während der Bauzeit zur Verfügung stehenden Bohrgerätetypen sind wie folgt einzusetzen:

a) Untersuchungsbohrungen sind ausschließlich als Kernbohrungen durchzuführen.
b) Testbohrungen zur Ermittlung des günstigsten Zwischenraumes der Injektionslöcher sind teils im Drehbohrverfahren, teils als Hammerbohrungen im 4er- oder 5er-Verband niederzubringen. Das anzuwendende Bohrverfahren entscheidet der Geologe gemeinsam mit dem ausführenden Betrieb auf Grund der Untergrundverhältnisse.
c) Das Bohrverfahren für die Injektionsbohrungen ergibt sich aus den unter b) gewonnenen Erkenntnissen.

2.714 Sämtliche von technischer Seite verlangten Großversuche auf der Baustelle, wie die Ermittlung der Scherfestigkeit, Probeinjektionen u. a. m., sind in Zusammenarbeit mit den Geologen durchzuführen.

2.715 Von sämtlichen im Sperrenbereich durchgeführten Untersuchungsarbeiten ist ein Übersichtsplan anzufertigen, der in der Regel einen Maßstab von 1:2000 oder 1:1000 hat.

2.716 Als Abschluß der geologischen Untersuchungsarbeiten wird ein Ergebnisbericht bzw. ein Gutachten angefertigt, dem von allen durch den Geologen ausgewerteten Arbeiten Spezialdarstellungen, Profile und Übersichten beizugeben sind. Auf Grund aller Unterlagen sind Angaben über die zu erwartende Gründungstiefe und Hinweise über Tiefe und Ausbildung der Dichtungsschürze zu machen.

2.717 Im Rahmen der Voruntersuchungen und auch während der Bauzeit sollen die geologischen Arbeiten auch durch geophysikalische Untersuchungen ergänzt werden. Es kommen in erster Linie Seismik und Geoelektrik in Frage, die Hinweise auf die Ausbildung und die Dichtigkeit des Untergrundes geben können.
Bei Untersuchungs- und Schleierbohrungen sind Neigungsmessungen durchzuführen.

2.8 Gründung von Talsperren in Lockergesteinen

2.801 Erfolgt bei Gründung von Talsperren auf Lockergesteinen ein Anschluß des Dichtungselementes des Absperrbauwerkes (in diesem Fall normalerweise ein Damm) an den festen Felsuntergrund mit Hilfe eines Spornes o. ä., so ist sinngemäß wie unter 2.7 zu verfahren.
Es ist jedoch auch möglich, daß der Damm, wenn ein genügend mächtiger natürlicher Dichtungsteppich (Auelehm) vorhanden ist, nur auf diesen geschüttet wird. Die Dichtung des Beckens muß dann durch den natürlichen Dichtungsteppich gewährleistet sein. Im allgemeinen ist eine solche Bauweise nur für geringe Stauhöhen und breite Talauen möglich.
Die geologischen Untersuchungen sind von den unter 2.7 angeführten wie folgt verschieden:

2.802 Längs der Sperrenachse sind Bohrungen in ausreichend geringem Abstand niederzubringen, die die Lockergesteinsablagerungen der Talaue durchteufen und ggf. bis in den festen Untergrund reichen. Als Bohrart sind Kernbohrungen erwünscht, Handbohrungen (mit Schappe, Spirale, Meißel) jedoch zulässig. Das Bohrnetz ist ggf. durch Peilstangenbohrungen zu verdichten. Nach Bedarf sind zusätzlich Schürfe anzusetzen. Die Untersuchungen müssen ein einwandfreies Bild der stratigraphischen und faziellen Verhältnisse der Lockergesteinsablagerungen der Talaue liefern, ebenso ausreichende Vorstellungen über den festen Untergrund vermitteln. An den Talhängen ist sinngemäß zu verfahren.

2.803 Von sämtlichen im Sperrenbereich vorkommenden Lockergesteinsarten sind in geeigneter Weise Proben (auch ungestörte) zu entnehmen und geeigneten Institutionen zur bodenphysikalischen Untersuchung zuzuleiten. Diese Untersuchungen müssen Auskunft geben über die Standsicherheit des Dammes und die Durchlässigkeit des Untergrundes. Von geologischer Seite sind dazu ggf. Hinweise bezüglich besonderer, durch die geologische Untersuchung erkannter Schwerpunkte zu geben. In den meisten Fällen wird es notwendig und nützlich sein, daß der Geologe eng mit dem Bodenmechaniker zusammenarbeitet.

2.804 Durch die geologischen und bodenphysikalischen Untersuchungen muß nachgewiesen werden, daß die Sperrstelle geeignet ist und in welcher Art das Absperrbauwerk am zweckmäßigsten auszuführen ist.

2.805 Wenn die Aufgabe der Beckendichtung den oberflächennahen Deckschichten (z. B. Auelehm) übertragen wird, so ist die Ausbildung, Mächtigkeit und Verbreitung derselben genau zu untersuchen. Für diese Untersuchungen werden im allgemeinen Peilstangenbohrungen genügen. Die Eignung des Materials für die Dichtungsaufgabe muß durch bodenphysikalische Untersuchungen von reichlich zu entnehmenden Proben geprüft werden. Die Probennahme kann aus Bohrungen oder Schürfen erfolgen.

2.806 Bei Stauanlagen, die einen Dauerstau zum Ziele haben, ist die gesamte Beckensohle auf die unter 2.805 angegebene Art zu untersuchen. Die Talhänge sind ebenfalls einer genauen Prüfung zu unterziehen.

2.807 Bei Stauanlagen, die immer nur für kurze Zeiträume gefüllt sind (z. B. Hochwasserrückhaltebecken), genügt es, wenn ein Streifen längs des wasserseitigen Dammfußes auf die unter 2.805 beschriebene Art untersucht wird. Die Breite des Streifens ist von Fall zu Fall auf Grund genauer Überlegungen und Berechnungen festzulegen; sie sollte jedoch nicht unter 100 m betragen. Der Streifen ist ebenfalls auf die Hänge auszudehnen.

2.808 Die unter 2.806 und 2.807 angeführten Untersuchungen müssen die ausreichende Dichtigkeit der Bodenschichten nachweisen bzw. die Stellen lokalisieren, an denen durch Aufbringen von Dichtungsmaterial die Beckendichtung zu verbessern oder herzustellen ist.

2.809 Bei Großversuchen, die von technischer oder bodenphysikalischer Seite auf der Baustelle durchgeführt werden, ist der Geologe beratend hinzuzuziehen.

2.810 Die Abschnitte 2.715—2.717 gelten auch für Talsperren auf Lockergesteinen.

2.9 Beschaffung von Baumaterial

2.91 Die Erkundung in der Nähe befindlicher, geeigneter Steinbrüche bzw. Massenentnahmestellen (für Betonzuschlagstoffe, Mauerwerk, Stützkörpermaterial, Dichtungsmaterial usw.) hat nach den auf dem Sektor Steine und Erden üblichen Grundsätzen und Methoden zu erfolgen unter Berücksichtigung der besonderen Ansprüche für den Talsperrenbau (siehe DIN 19700, Absatz 3.211 und 3.22).

2.92 Die technische Gesteinsprüfung bzw. die bodenphysikalische Untersuchung ist Spezialinstitutionen zu übertragen. Die Art der Untersuchung und die Auswahl des Institutes ist mit dem Geologen abzusprechen.

3. Baudurchführung

3.1 Während der Bauzeit werden folgende Arbeiten vom Geologen ausgeführt:

a) geologische Aufnahme sämtlicher im Rahmen der Bauarbeiten anfallenden Aufschlüsse,

b) laufende geologische Beratung der Bauleitung bzw. Staatlichen Bauaufsicht in bezug auf Rutschungen, Gründungstiefen und weiterhin noch nötig werdende, zusätzliche Untersuchungsarbeiten,

c) Fragen des Arbeitsschutzes, soweit sie im Zusammenhang mit den geologischen Verhältnissen gesehen werden müssen.

3.2 Die geologische Aufnahme von Aufschlüssen, insbesondere von Gründungssohlen der Mauer, Festpunkten usw. besteht in einer Kartierung bzw. Profilaufnahme, aus der die petrographische Beschaffenheit der geologischen Schichtenfolge ersichtlich sein muß. Weiterhin müssen dargestellt werden: Klüfte, Störungen, Wasseraustritte, Mineralien, die sich unter dem Einfluß der Verwitterung oder des Wasserzutritts verändern und dadurch eine Schädigung des Mauerbetons herbeiführen können oder eine Änderung der vorher berechneten Setzung des Bauwerkes zur Folge haben.

3.3 Die Darstellung der Aufnahme der Gründungssohle geschieht im Maßstab 1:50—1:200. Ihr wird ein Erläuterungsbericht (Abnahmeprotokoll) beigegeben, der vom Geologen, von der Oberbauleitung, der Staat-

Abgrenzung der geologischen Untersuchungsarbeiten im Talsperren- und Speicherbau (Schemat. Übers.)
[Entwurf: W. GERECKE]

Lfd. Nr.	Durchführungsstadium des Investitionsplanes	Zeitl. Ablauf der geologischen Untersuchungsarbeiten	Charakteristik des Umfanges der ingenieurgeologischen Untersuchungsarbeiten (siehe Text)	Auftraggeber	Kostenträger	Vom Auftraggeber zu liefernde Unterlagen	Bemerkungen und besondere Hinweise
0	1	2	3	4	5	6	7
1	Perspektivplanung		Geologisches Vorgutachten Gesamtübersicht über Einzugsgebiet, zukünftige Stauräume und zur Wahl stehende Sperrstellen, Hinweise auf Baustoffe	Planträger		Meßtischblätter mit Eintragung der Einzugsgebiete und geplanten Sperrstellen	Verwendung bereits vorhandener Unterlagen und früherer geologischer Untersuchungsergebnisse
2	Vorplanung		Ingenieurgeologisches Gutachten Hydrogeologie des Einzugsgebietes, Morphologie, Stratigraphie und Tektonik des Stauraumes, Spezialkartierung und Erkundung der Sperrstellen und des Stauraumes. Aussagen über Klüftigkeitsverhältnisse, Empfehlungen für Gründung und Dichtungsschleier. Erkundung von Baustoffen, Beurteilung der Baustoffe	Investträger, zuständige Wasserwirtschaftsdirektion	Investträger, zuständige Wasserwirtschaftsdirektion	Übersichts- und Lagepläne von Einzugsgebiet, Stauraum und Sperrstellen (Vermessungstechnische Unterlagen)	Bohrpläne möglichst mit Projektbearbeitern abstimmen und Ergänzungsmöglichkeiten offenlassen. Anwendung Geophysikalischer Untersuchungsmethoden
3	Grundprojekt		Ergänzungen zum ingenieurgeologischen Gutachten	siehe oben	siehe oben	Genauer Lageplan der Sperrstelle mit Längs- und Querschnitten (Vermessungstechnische Unterlagen)	Bohrnetzverdichtung im Einvernehmen mit den Projektbearbeitern, statistische Ermittlung der räumlichen Lage des Kluftkörpers, Verwendung von Bohrlochsonden
4	Ausführungsunterlagen		Gutachtliche Stellungnahmen und Ergänzungen, falls erforderlich	siehe oben	siehe oben		
5	Bauausführung		Baugrundabnahmen in Verbindung mit der Staatlichen Bauaufsicht, mit der Investbauleitung, mit dem ausführenden Betrieb und mit der Geolog. Kommission; gutachtliche Stellungnahme zu anfallenden Besonderheiten, Abschlußbericht	siehe oben	siehe oben	Urprofile und Aufnahmen der Bauabrechnung, bzw. spezielle Kartierungspläne (Vermessungstechnische Unterlagen)	Axonometrische Darstellung der Stauanlage mit den weiteren Untergrundverhältnissen und den Ergebnissen der Schleierbohrungen
6	Bauwerkskontrolle		Beratende Teilnahme bei der wissenschaftlichen Auswertung der Sohlwasserdruck- und Deformationsmessungen	siehe oben	siehe oben	Auswertung sämtlicher Meßergebnisse	Forschungsaufträge, Einschaltung des Instituts für Wasserwirtschaft, Diplomarbeiten und Dissertationen an Technischen Hochschulen

lichen Bauaufsicht und dem bauausführenden Betrieb unterschrieben wird. Die Freigabe zur Betonierung jedes geologisch abgenommenen Bauabschnittes erfolgt im Gelände durch die obengenannten Vertreter.

3.4 Die geologische Aufnahme jedes Bauabschnittes wird auf einen Übersichtsplan kleineren Maßstabes (im allgemeinen 1:500—1:2000) übertragen, was unmittelbar nach der Aufnahme des Abschnittes zu erfolgen hat.

3.5 Soweit sich die Anlage eines Dichtungsschleiers auf Grund der Voruntersuchungen erforderlich macht, sind die im Rahmen des Dichtungsschleiers anfallenden Bohrungen, WD-Prüfungen und Zementinjektionen vom Geologen auszuwerten und zu überprüfen. Diese Arbeiten werden entsprechend den in dieser Richtlinie unter Punkt 2.706—2.713 festgelegten Hinweisen durchgeführt. Über die Ergebnisse der Auswertung hat der Geologe der Oberbauleitung laufend Bericht zu erstatten. Von den geologischen Voruntersuchungen abweichende Ergebnisse werden unter Umständen örtlich eine Vertiefung des Dichtungsschleiers erfordern.

3.6 Die Stellen, an denen vor der Betonierung jedes Bauabschnittes auf der Gründungssohle Sohlenwasserdruckglocken gesetzt werden bzw. die Anordnung einer Sohlenentwässerung getroffen wird, werden gemeinsam mit dem Geologen angegeben.

3.7 Sämtliche während und nach dem Bau durchzuführende Messungen im Bauwerk, in Bohrlöchern usw., wie Setzungsmessungen, Schlauchwaagemessungen, Bohrungen u. a. m., sind gemeinsam mit dem Geologen auszuwerten.

4. Nebenbauten

Sämtliche Nebenanlagen bzw. Folgeinvestitionen, wie neue Straßen, Bahnlinien, Wasserleitungen, Hochspannungsleitungen, Gründung von Gebäuden usw., sind nach den in der Ingenieurgeologie üblichen Bestimmungen zu begutachten. Die geologischen Arbeiten beginnen nach der Beantragung durch den jeweiligen Projektanten oder durch die Oberbauleitung.

5. Abschluß der Bauzeit

Nach Abschluß der Bauzeit ist über sämtliche durchgeführten Arbeiten und die sich daraus für den Bestand der Talsperre ergebenden Folgerungen in Form eines Abschlußgutachtens zu berichten, das dem Talsperrenbuch beizufügen ist.

Berlin, den 1. Mai 1960

ZENTRALER GEOLOGISCHER DIENST
DER DEUTSCHEN DEMOKRATISCHEN REPUBLIK

Stammberger
Der Direktor

Entwurf zur Abgrenzung der geologischen Untersuchungsarbeiten im Talsperren- und Speicherbau

WOLFGANG GERECKE, Blankenburg (Harz)

1. Vorbemerkung

Die nachfolgenden Ausführungen beruhen auf Erfahrungen, die während der Projektbearbeitung der Bauten des Bodewerkes und weiterer Stauanlagen im letzten Jahrzehnt gewonnen wurden. Sie gehen von den gegenwärtig gültigen Stadien der Vorbereitung von Investvorhaben aus.

Es wird versucht, den Umfang der geologischen Untersuchungsarbeiten und die an sie gestellten Anforderungen vom Standpunkt der Projektbearbeitung darzulegen. Die zeitliche Einstufung in den Projektierungsablauf geht von der Notwendigkeit aus, den unbedingt erforderlichen, aber in der bisherigen Praxis noch sehr mangelhaften Vorlauf zu erreichen.

2. Abgrenzung der Projektierungsstadien

2.1. Perspektivplanung

Für die im Rahmen der Perspektivplanung angestellten großräumigen wasserwirtschaftlichen und sonstigen technisch-ökonomischen Überlegungen genügt ein „Geologisches Vorgutachten“, das als Basis die geologischen Übersichtskarten und evtl. die geologische Spezialkarte 1:25000 sowie eine Ortsbegehung haben sollte. Zu entscheiden ist die Frage, ob und mit welchem Aufwand die Stauanlage auf Grund der geologischen Situation errichtet werden kann und welche Besonderheiten das Einzugsgebiet aufweist.

2.2. Vorplanung

Gemäß dem vorliegenden Entwurf der Richtlinien des Amtes für Wasserwirtschaft für die Vorplanung konzentrieren sich hier besonders die hydrologisch-wasserwirtschaftlichen Untersuchungen und somit die Wahl der Sperrstellen und Absperrbauwerke. Dazu ist bereits ein gegenüber dem Vorgutachten wesentlich erweitertes ingenieurgeologisches Gutachten notwendig, das dem Projektbearbeiter die obengenannten Entscheidungen ermöglicht. Insbesondere müssen folgende Fragen geklärt werden:

a) Hydrogeologie des Einzugsgebietes,
b) Geomorphologie und Stratigraphie der Stauräume,
c) spezielle ingenieurgeologische Kartierung der Sperrstellenareale,
d) Ermittlung von Baustoffbasen (Zuschlagstoffe bzw. Schüttmaterial) und eine Abschätzung ihrer Ergiebigkeit,
e) petrographische und mineralogische Begutachtung der Einbaustoffe (im Hinblick auf Betontechnologie und als Dichtungs- und Schüttmaterial bei Staudämmen).

2.3. Investitionsprojekt

2.31. Grundprojekt

Das Grundprojekt umfaßt die aus der Aufgabenstellung der Vorplanung sich ergebende konstruktive Gestaltung der Bauwerke und ihrer Nebenanlagen. Hierzu muß eine einwandfreie und spezielle ingenieurgeologische Beurteilung des unmittelbaren Bereiches der Stauanlagen vorliegen, die auf Grund der Untersuchung in der Vorplanung festgelegt wurde. Im einzelnen verlangt man von den ingenieurgeologischen Untersuchungsarbeiten:

a) Anfertigung von geologischen Längs- und Querschnitten im Bereich der Stauanlage und ihrer Nebenanlagen (Hochwasserentlastungsanlage, Umleitungsstollen etc.) mit möglichst genauer Angabe der Gesteinsgrenzen, der Überlagerung usw.

b) Darstellung der Gründungsverhältnisse nach den Ergebnissen unter a) im Blockdiagramm zur Beurteilung der räumlichen Struktur des Untergrundes.

c) Tektonische und gefügeanalytische Untersuchungen der in Frage kommenden Gründungsflächen und deren Umgebung, soweit sie zugänglich sind oder mit erträglichem Aufwand aufgeschlossen werden können.

Festlegung der Ergebnisse in Lagekugeln, Kluftrosen oder sonstigen Darstellungsmöglichkeiten des Kluftkörpers (Zahlenangaben zur Kluftstatistik, Einschätzung der Gesteinsbeweglichkeit etc.).

d) Auswertung, Beurteilung und Darstellung der Bohrergebnisse, soweit sie nicht schon unter den vorigen Ziffern Eingang gefunden haben; insbesondere Einschätzung der WD-Prüfungen zur Beurteilung der Unterläufigkeit, der Probeinjektionen zur Anlage des Dichtungsschleiers.

e) Zusammenfassung der Ergebnisse aus den Ziffern a) bis d) zu einer Gesamteinschätzung des Gründungsbereiches, Feststellung der Hauptanisotropien und Diskontinuitäten und deren geomechanische Auswirkungen sowie die daraus resultierenden Empfehlungen und Hinweise an den Projektanten.

2.32. Ausführungsunterlagen

Diese bilden lediglich eine Ergänzung des Grundprojektes bzw. deren Anpassung an die durch einen genauen Aufschluß gegebenen Verhältnisse. Besondere ingenieurgeologische Untersuchungen sind nicht erforderlich; es sei denn, schwierige und komplizierte geologische Verhältnisse machen Ergänzungen notwendig.

2.4 Bauausführung

Während der Bauausführung sollte je nach Größe und Umfang des Objektes der Bauleitung des Investträgers und des ausführenden Betriebes ein Ingenieurgeologe ständig oder doch wenigstens bedarfsweise verantwortlich zur Verfügung stehen, vor allem jedoch bei der Durchführung nachstehender Arbeiten:

a) Baugrundabnahme: Die Baugrundaufnahme soll die spezielle ingenieurgeologische und maßgerechte Kartierung der Gründungsflächen bzw. des -raumes umfassen. Hierzu gehört die Aufnahme aller Klüfte, Störungen, Gesteinsgrenzen etc. an der Sohle und den Seitenwänden der Baugrube. Dieser Zustand muß fotografisch ausreichend belegt werden, bevor die Freigabe durch ein Kollektiv, bestehend aus Geologen, Vertretern der Bauleitung, des ausführenden Betriebes und der Staatlichen Bauaufsicht, erfolgt.

b) Beurteilung von geologischen Besonderheiten, die während des Baugrubenaufschlusses auftreten können.

c) Abschlußbericht unter Zusammenfassung aller Teilkartierungen und besonderen Maßnahmen sowie Auswertung der Ergebnisse der Injektionsbohrungen und beratende Teilnahme bei der Kontrolle des Dichtungsschleiers.

2.5 Bauwerkskontrolle

Die Bauwerkskontrolle umfaßt alle Kontrollmessungen, die nach DIN 19700, Ziff. 12, 3.7 zur Beurteilung der Standsicherheit erforderlich sind, gegebenenfalls zuzüglich besonderer Meßprogramme. Hierzu ist folgendes zu beachten:

a) Auswertung der Deformationsmessungen und des Zusammenhanges der Deformation mit dem Baugrund, um aus dem erhaltenen Zahlenmaterial Rückschlüsse auf das bodenmechanische Verhalten und die geologische Situation zu ziehen.

b) Auswertung der Sohlenwasserdruckmessungen zur Klärung der Durchströmungsverhältnisse des Kluftkörpers.

c) Festlegung evtl. Sanierungsmaßnahmen des Untergrundes oder sonstiger Ergänzungsarbeiten.

3. Schlußbemerkung

Im vorstehenden ist bewußt und häufig der Ausdruck „ingenieurgeologisch“ verwendet worden. Dies soll als Hinweis dafür betrachtet werden, daß die geologische Einschätzung der jeweiligen Gegebenheiten zwar von grundsätzlicher und keineswegs zu vernachlässigender Bedeutung ist, jedoch für den Bauingenieur Zahlenangaben oder wenigstens Vergleichsziffern weit mehr Bedeutung haben. Es gehen in die technischen Berechnungen zur Dimensionierung der Bauwerke materialtechnische Kennziffern ein, die für bodenmechanische Berechnung weitestgehend labormäßig bestimmt werden können, während die Geomechanik wohl Zusammenhänge ahnt, jedoch noch nicht in der Lage ist, diese mathematisch zu beschreiben. Es bleibt der Ingenieurgeologie vorbehalten, geeignetes Material zu sammeln und zu versuchen, die Probleme auf statistischem Wege zu lösen. Es wird deshalb im Anschluß an die Bemerkungen unter Ziff. 2.5 dringend empfohlen, seitens der Ingenieurgeologie eine mathematisch-physikalische Bewertung des Fragenkomplexes gemeinsam mit dem Boden- bzw. Geomechaniker und mit den Bauingenieuren anzustreben.

Bemerkungen zur Richtlinie über die Durchführung geologischer Untersuchungsarbeiten für den Bau von Talsperren

FRITZ REUTER, Halle (Saale)

Eine grundlegende Richtlinie, an deren Aufstellung als Geologe auch Professor DAHLGRÜN mitgearbeitet hatte, wurde mit der DIN 19700 „Stauanlagen-Richtlinie für den Entwurf, Bau und Betrieb, Teil 1, Talsperren“ bereits vor über 20 Jahren geschaffen. Diese Richtlinie enthält auch einige Punkte, die sich auf die geologischen Untersuchungsarbeiten während der Projektierung und der Bauausführung beziehen. Ein Mangel war jedoch, daß sie wohl dem Ingenieur Hinweise gab, wann er den Geologen zur Mitarbeit hinzuziehen konnte, aber über die Art und die Methodik der geologischen Arbeiten keine Feststellungen getroffen worden waren. Dieser Zustand legte zwar dem einzelnen Bearbeiter keine Fesseln an und gab ihm die Möglichkeit, jeweils dem neuesten Stand der Erkenntnisse entsprechend seine Arbeiten durchzuführen, andererseits waren aber auf Grund der verschiedenen Erfahrungen und Ansichten der Bearbeiter ziemlich weit auseinandergehende Arbeitsmethoden zu verzeichnen. Da jedoch die technischen Arbeiten immer von denselben Betrieben (VEB Talsperrenbau, VEB Schachtbau) ausgeführt wurden, bestanden große Schwierigkeiten bei der Zusammenarbeit mit den Technikern auf den Baustellen. Um diese Mißverhältnisse zu beheben, wurde auf Anregung des Zentralen Geologischen Dienstes Anfang des Jahres 1959 eine Kommission gegründet, die die Aufgabe erhielt, eine Koordinierung der geologischen Untersuchungsarbeiten beim Talsperrenbau vorzunehmen. In dieser Kommission waren Diplomgeologen und Geologie-Ingenieure der Geologischen Dienste vertreten, die überwiegend oder ausschließlich bei der geologischen Begutachtung von Talsperren eingesetzt waren. Von den Geologischen Diensten arbeiteten folgende Geologen mit:

Geologischer Dienst Freiberg:	Dipl.-Geol. HÄNICHEN
Geologischer Dienst Halle:	Geol.-Ing. F. SEIDEL
Geologischer Dienst Jena:	Dipl.-Geol. E. DITTRICH und Verfasser
Zentraler Geologischer Dienst:	Ing. A. THOMAS

Als erstes sollte eine Richtlinie zur Durchführung geologischer Untersuchungsarbeiten für den Bau von Talsperren ausgearbeitet werden. Mit der Aufstellung dieser Richtlinie ergab sich von selbst, daß eine Klärung aller unterschiedlichen Auffassungen über die Untersuchungsmethodik, die es besonders hinsichtlich der Injektionsarbeiten gab, herbeigeführt werden mußte. Die während unserer Arbeiten in Entstehung begriffene DIN (I) „Untergrund- und Bauwerksverpressungen, Richtlinien für Planung und Ausführung" wurde uns von Herrn Dipl.-Ing. JÄHDE zugänglich gemacht, so daß bezüglich der Verpreßtechnik eine Abstimmung nach beiden Seiten möglich war. Somit stellt die Richtlinie der Staatlichen Geologischen Kommission keinen Ersatz für die DIN 19700 und der DIN (I) dar, sondern eine Ergänzung der beiden DIN-Vorschriften hinsichtlich der Durchführung geologischer Untersuchungen während der Projektierungs- und Bauarbeiten und ihrer Auswertung.

Der erste Abschnitt der Richtlinie regelt die vertraglichen Grundlagen zwischen den Geologischen Diensten und den Investträgern bzw. der jeweiligen Oberbauleitung. Ein regelrechter Vertrag wird zwar im allgemeinen erst dann zustande kommen, wenn bei größeren Talsperrenbauten ein oder mehrere Geologen laufend auf der Baustelle tätig sind. Ansonsten erfolgt die Leistung des Geologen bei der Begutachtung auf Grund eines Antrags durch den Investträger. Wichtig ist der Punkt 1.7, in dem die Zeit festgelegt wird, in welcher die gesamten geologischen Voruntersuchungen durchgeführt werden, die für die Erstattung eines Gutachtens erforderlich sind. Der Zeitraum von ein bzw. zwei Jahren ist unbedingt nötig, wenn man bedenkt, daß für das Gutachten folgende Geländearbeiten erforderlich sind:

1. Eine geologische Kartierung des Stauraumes etwa im Maßstab 1:5000. Um die Lagerungsverhältnisse und die Tektonik im Stauraum beurteilen zu können, sind häufig Schürfe notwendig. Der Hauptzweck der Kartierung ist die Beurteilung der Dichtigkeit des Beckens.

2. Eine geologische Spezialkartierung etwa im Maßstab 1:2000 oder 1:1000 und Aufnahme sämtlicher Aufschlüsse im Bereich der Talsperre.

3. Mehrere Schürfe müssen im Bereich der Sperrstelle angelegt werden, die im wesentlichen die Mächtigkeit der Lockergesteinsdecke klären, aber auch Aussagen über die Beschaffenheit und tektonische Beanspruchung des Felsgesteines ermöglichen sollen. Die Erfahrung hat gezeigt, daß bei der Beurteilung der Lockergesteinsmächtigkeiten die Schürfe zugunsten von Bohrungen nicht eingespart werden können. Die oberen Schichten des Felsgesteines lassen sich infolge der Verwitterungserscheinungen nicht kernen. Da außerdem die Möglichkeit besteht, daß bei nicht geschiefertem Gestein größere Gerölle durchbohrt werden, die schon festen Felsen vortäuschen, muß der Geologe so lange Gerölle annehmen, wie noch Hinweise auf Abrollung und stärkere Verwitterungserscheinungen zu beobachten sind. Bohrkerne von schon der Verwitterung anheimgefallenen Gesteinen, die durch den Abrieb beim Bohren gerundet sind, sind auch für den Geologen nur schwer oder gar nicht von Bohrkernen aus größeren Geröllen zu unterscheiden. Man wird also bei Bohrungen die Felsoberkante meistens tiefer ansetzen, als es tatsächlich der Fall ist.

4. Zur Untersuchung des tieferen Felsuntergrundes der Talsperre müssen Bohrungen gestoßen werden, an die sich Wasserdruckproben und Injektionsversuche anschließen. Außer der allgemeinen geologischen Beurteilung der Schichtenfolge sollen Wasserabpressungen und Injektionen Hinweise geben über die Möglichkeit von Setzungen und über die Dichtigkeit des Untergrundes. Weiterhin ist aber auch auf Grund von Probeverpressungen im Viererverband (drei Bohrlöcher an den Ecken eines gleichseitigen Dreiecks und ein Mittelloch zur Kontrolle der Dichtigkeit) oder im Fünferverband (vier Bohrlöcher an den Ecken eines Quadrates und ein Mittelloch zur Kontrolle) die zweckmäßigste Anordnung der Bohrlöcher für den Dichtungsschleier und der evtl. Bedarf an Dichtungsmaterial zu erkunden.

Diese Folge von geologischen Untersuchungsarbeiten bedarf schon einer guten Planung, wenn alles innerhalb eines Jahres erledigt werden soll. Ein Vierteljahr davon benötigt der Geologe für die Auswertung der geologischen Feldaufnahmen, für die Durchführung und Auswertung der Laboratoriumsarbeiten und für die Aufstellung des geologischen Gutachtens. Ergeben die Feld- und Auswertungsarbeiten ungünstige geologische Verhältnisse, so ist unter Umständen noch die Auffahrung von Untersuchungsstollen oder Schürfschächten erforderlich. Will man dann aber nicht mit den Projektierungsarbeiten in Verzug kommen, ist für die geologischen Arbeiten noch ein zweites Jahr einzuplanen. Um alle solche Möglichkeiten von vornherein auszuschließen, empfiehlt es sich, auch bei kleineren Objekten die geologischen Untersuchungsarbeiten in jedem Falle zwei Jahre vor Baubeginn durchzuführen. Die rechtzeitige geologische Untersuchung ist für den projektierenden Ingenieur immer von Vorteil. Er erhält dadurch nicht nur rechtzeitig sichere Hinweise, sondern die Änderungen des Projektes werden von vornherein auf ein Mindestmaß beschränkt.

Die geologischen Arbeiten beginnen, auch wenn bereits die geologische Spezialkarte 1:25000 vorliegt, mit einer Oberflächenkartierung. Aus welchen Teilen die ingenieur-geologische Karte der Sperrstelle und des Stauraumes bestehen soll, ist in der Richtlinie angegeben, ohne daß jedoch ein bestimmtes Schema gefordert wird. Den natürlichen Verhältnissen entsprechend, hat der Geologe jeweils die Möglichkeit, die Karte der Geologie des Talsperrengebietes, dem Zweck und der Art des Bauwerkes entsprechend, auszuführen. Im allgemeinen sollte die Karte mindestens aus drei Teilen bestehen:

a) der Aufschlußkarte;
b) der geologischen Karte, die auch die wichtigsten tektonischen Linien und die Morphologie angibt;
c) der Wasserkarte.

Außer einer Erläuterung für die gesamten Karten sollte jedem Kartenteil eine Kartei beigegeben werden, aus der die Schichtenfolgen von Bohrungen, Ergebnisse von Laboratoriumsuntersuchungen usw. ersichtlich sind. Nähere Ausführungen über Methodik und Art der ingenieurgeologischen Karte erübrigen sich, da zur Zeit eine Methodik der ingenieurgeologischen Kartierung im Rahmen eines RgW-Auftrages erarbeitet wird.

Die bei der geologischen Untersuchung für die Gründung von Talsperren auf Felsgesteinen durchzuführenden Feldarbeiten und die Anforderungen, die an sie gestellt werden, wurden bereits weiter oben besprochen. Die neuesten eigenen Forschungsergebnisse und die anderer Länder wurden hier berücksichtigt. Einige Unklarheiten gibt es immer noch bei der Durch- und Ausführung der Bohr- und Folgearbeiten zur Baugrundvergütung und zur Anlage von Dichtungsschleiern. Es war hier schwer, einen Kompromiß zwischen geologischen Erfahrungen und der tatsächlichen Wirtschaftlichkeit bezüglich der Bohrart zu finden. Obwohl das schlagende Bohren im Schiefergebirge gewisse Nachteile gegenüber drehendem Bohren hat, mußte doch für jeden Fall die Möglichkeit offengelassen werden, sich auf Grund von Vorversuchen für die eine oder andere Bohrart entscheiden zu können.

Unterschiedliche Auffassungen, wann der Untergrund als dicht anzusehen ist, bestehen auch heute noch bei vielen Fachleuten der Verpreßtechnik. Dies geht aus nachfolgender Aufstellung hervor, die die Ansicht der bekanntesten Experten wiedergibt:

TERZAGHI	0,05 l/min/m	bei 1 m Wassersäule
USA	3—4 l/min/m	bei 10 atü
LUGEON	1 l/min/m	bei 10 atü
JÄHDE	0,1 l/min/m	bei 3 atü
BLATTER	0,33 l/min/m	bei 10 atü

Betrachtet man die vielen in der Praxis vorkommenden Fälle, so kann man feststellen, daß die Schleierbohrungen in Tiefen abgebrochen werden, in denen weit höhere Werte für die Wasserdruckproben gemessen wurden. Auch wenn man mit JÄHDE der Meinung ist, daß die Zahlen für die injizierten Felsen gelten (Vortrag am 23. 9. 1959 auf der Tagung des Institutes für Wasserwirtschaft in Plauen), so geht dies aus den Angaben der übrigen Autoren nicht hervor. Sollte die Ansicht JÄHDEs auch mit der der übrigen Fachleute übereinstimmen, und die Praxis zeigte ja eindeutig, daß es in vielen Fällen im äußersten Grade unwirtschaftlich ist, stets bis in den als dicht bezeichneten Untergrund zu bohren, so ist in jedem Fall der günstigste Wert anzustreben. Aber das ist natürlich dann eine reine Frage der Injektionstechnik. Die Erfahrungen der praktischen Arbeiten lehren uns, daß man die Tiefe einer Dichtungsschürze nicht nach Werten der zulässigen Durchlässigkeit des Untergrundes festlegen kann, sondern daß diese sich nur nach dem Zweck und der Bauart des Abschlußbauwerkes, selbstverständlich aber unter Berücksichtigung der Untergrundverhältnisse, richten kann.

Einem weiteren Vorschlag der Geologen und der Ingenieure, die Ergebnisse der Wasserdruckprüfungen, der Injektionen und der damit zusammenhängenden Arbeiten von subjektiven Einflüssen unabhängig zu machen, wurde dadurch entsprochen, daß gefordert wurde, bei sämtlichen Messungen selbstschreibende Registriergeräte einzusetzen. Die geologischen Untersuchungen für den Bau von Dämmen erfordern einen engen Kontakt zwischen dem Geologen und dem Bodenmechaniker. Die Ergebnisse der geologischen Arbeiten beruhen zu einem wesentlichen Teil auf Laboratoriumsarbeiten. Jedoch dürfen letztere auf keinen Fall losgelöst von der geologischen Umgebung betrachtet werden. Nur dann, wenn man in der Lage ist, die labormäßig gewonnenen Zahlen und Werte in das allgemeine geologische Bild der weiteren Umgebung einzupassen, d. h. die speziellere Stratigraphie und die Tektonik kennt und somit die Lagerungsverhältnisse der Schichten richtig deuten kann, wird man in der Lage sein, die Grundlagen zu geben, die es dem Bauingenieur ermöglichen, aus Untergrund und Bauwerk eine Einheit zu machen. Aus diesem Grunde wurde auch immer wieder darauf hingewiesen, daß sowohl die Probenahme als auch die Auswahl der Institution, die die bodenmechanischen Untersuchungen durchführen soll, unter Anwesenheit bzw. nach Rücksprache mit den Geologen erfolgen soll. Es liegen genügend Beispiele vor, daß die obengegebenen Hinweise aus Unkenntnis der Sachlage, vielleicht auch aus falschen Prestigegründen, nicht berücksichtigt wurden.

Die Erkundung des Baumaterials für Betonmauern oder Dämme wird nach Anweisungen und Richtlinien durchgeführt, die von der Zentralen Vorratskommission (ZVK) der Deutschen Demokratischen Republik herausgegeben wurden bzw. noch erarbeitet werden. Da sämtliche benötigten Rohmaterialien in das Sachgebiet Steine und Erden fallen, genügt dieser Hinweis, da bereits langjährige Erfahrungen über Erkundungs- und Untersuchungsmethoden vorliegen.

Der 3. Abschnitt, die Arbeiten des Geologen während der Baudurchführung betreffend, ist relativ kurz gehalten, obwohl die Tätigkeit nicht minder verantwortlich und umfangreich ist als im Stadium der Projektierung. Eine sehr verantwortungsvolle Aufgabe hat der Geologe, der die Baugrundabnahmen durchführt. Er muß schon große Erfahrungen haben, um entscheiden zu können, ob das Gestein der Gründungssohle schon den gestellten Anforderungen entspricht oder nicht. Wenn er entscheidet, daß die Gründungssohle tiefer gelegt werden soll, dann entscheidet er über Gelder, die dem Betrieb an anderer Stelle verlorengehen. Während der Ingenieur des bauausführenden Betriebes bei derartigen Entscheidungen in erster Linie als Kaufmann handelt, darf sich der Geologe nur von den Fragen der Standsicherheit des Bauwerkes leiten lassen. Eine Aufzählung der während der Bauzeit von den Geologen zu lösenden Fragen muß immer unvollständig bleiben, da diese von den Baustellen und den geologischen Verhältnissen abhängen.

Eine Frage soll noch gestreift werden, und zwar die des Arbeitsschutzes. Jedem Geologen ist bei größeren Talsperrenbauten wohl schon die Frage gestellt worden, ob man unter einem zu Rutschungen oder Steinschlag neigenden Hang noch arbeiten kann oder welche Sicherheitsmaßnahmen ergriffen werden müssen. Gerade bei der Beurteilung dieser Zustände kommt es allein auf die Erfahrung an. Gewiß sagt man, daß ein Gesteinspaket rutschen k a n n oder nicht, aber w a n n es rutscht, ist niemand in der Lage vorauszusagen, nicht einmal, ob es mit Sicherheit bei längeren Regenperioden oder in der Schneeschmelzperiode rutschen wird. Die wirtschaftlichste Arbeitsmethode muß in diesem Falle der Geologe vorschlagen, d. h., er muß entscheiden, ob der gefährdete Hang abgeräumt werden muß (bei engscharig geklüftetem Material), ob er von einer bestimmten Seite aus angegangen werden soll, ob eine Verankerung möglich oder welche andere Sicherheitsmaßnahme die günstigste ist.

Die vorliegende Richtlinie gibt dem im Talsperrenbau tätigen Geologen in knapper, übersichtlicher Form eine Anleitung zur Durchführung seiner Aufgaben. Sie stellt kein starres Schema dar, sondern sie gestattet dem Geologen, jederzeit seine schöpferische Initiative frei zu entfalten. Da sie in ihrem letzten Entwurf auch mit bekannten Talsperrenbauern des Amtes für Wasserwirtschaft und den ihm nachgeordneten Dienststellen sowie mit Fachleuten der Injektionstechnik diskutiert wurde, konnte sie auch auf die Belange der Techniker abgestimmt werden. Die Richtlinie wendet sich somit auch an die Ingenieure des Talsperrenbaus und vermittelt ihnen einen Einblick in die Methodik der geologischen Arbeiten. Sie richtet sich aber auch an alle übrigen im Talsperrenbau tätigen Gutachter und Techniker und zeigt einen Weg, wie man gemeinsam die Probleme eines engeren Fachgebietes meistern kann. Möge die Richtlinie beitragen, ein gutes Verhältnis zwischen den Gutachtern und den Technikern herbeizuführen!

Plastische Verformung von Schichten in Tälern und ihre Bedeutung für die Gründung von Bauwerken[1]

QUIDO ZÁRUBA, Prag

Die Aufwölbung von Schichten, die durch plastische Verformung von tonigen Gesteinen am Fuß von Talhängen und unterhalb von Talsohlen verursacht wird, ist in einigen Gebieten sehr verbreitet und zeigt ernste Folgen bei der Durchführung sämtlicher Arbeiten und Bauten, besonders bei solchen, die quer zu Tälern verlaufen, die durch das Herauspressen von Tonschichten gefährdet sind. Vor allem bewirken Deformationen durch herausgepreßte tonige Gesteine beim Bau von Talsperren, beim Vortrieb von Stollen und bei Rohrleitungen unterhalb einer solchen Talsohle große Schäden.

Der Beginn der Aufwölbung äußert sich in einer geringen antiklinalen Verbiegung der Schichten, deren Achse mit der Talrichtung parallel verläuft. Später können die Tone in Form steiler Falten bis zur Oberfläche hinaufgepreßt werden. In einigen Fällen werden die Tone stufenförmig gehoben, und zwar längs von mit dem Fuß des Talhanges parallel verlaufenden Dislokationen, wodurch die Aufwölbungen den Charakter von kleinen Horsten aufweisen. Derartige Störungen der Schichten, die an normale tektonische Erscheinungen erinnern, verlieren sich jedoch in geringer Tiefe, so daß sie als sehr junge Erscheinungen aufzufassen sind.

Diese Deformationen wurden eingehend in England aus der Umgebung von Northampton und Oxford (Abb. 1, 2) beschrieben (HOLLINGWORTH, TAYLOR & KELLAWAY 1944, ARKELL 1947). Englische Autoren bezeichnen sie als „Bulging" und erklären sie mit dem Herauspressen weicher Liastone, die von benachbarten Hängen nach der Entlastung der Talsohle durch Erosion unter Druck

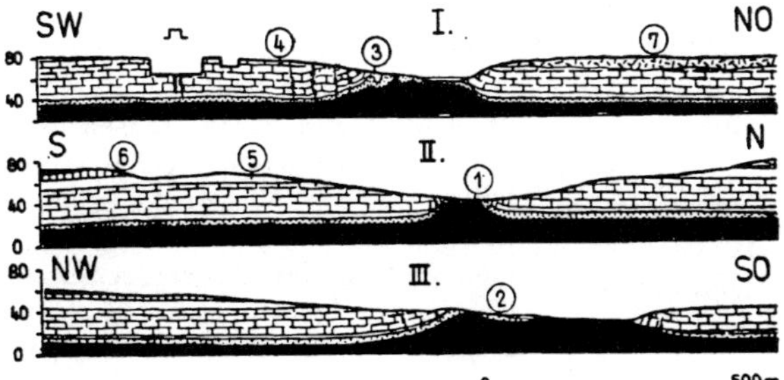

Abb. 1. Aufgewölbte Talsohlen in Süd-Lincolnshire, nach S. E. HOLLINGWORTH, J. H. TAYLOR & KELLAWAY (1944)

1 — Tone (Lias), 2 — Northampton-Sande, 3 — Tone (Unteres Estuarien), 4 — Lincolnshire-Kalksteine, 5 — Tone (Oberes Estuarien), 6 — Kalksteine „Great Oolite", 7 — glaziale Ablagerungen

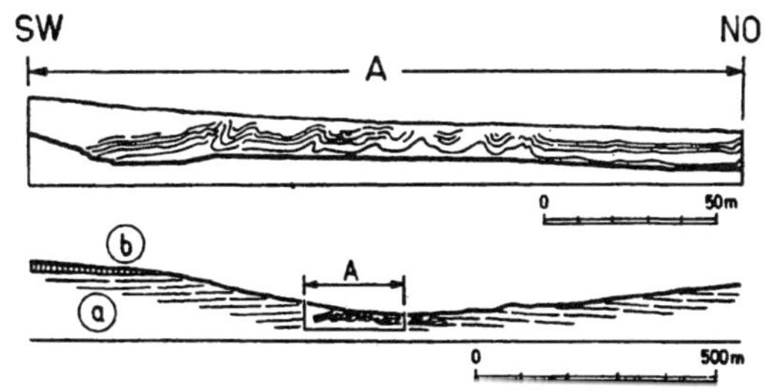

Abb. 2. Oberflächendeformationen der Liastone auf der Talsohle in der Baugrube der Talsperre Hollowell bei Northampton, nach S. E. HOLLINGWORTH

a — Liastone, b — glaziale Ablagerungen

gehalten werden. Sie betonen dabei den Einfluß der im periglazialen Gebiet während der Pleistozänzeit herrschenden klimatischen Bedingungen (HOLLINGWORTH & BANNISTER 1950).

Ähnliche Erscheinungen wurden schon früher von rumänischen Geologen aus dem Gebiet Albeni und Gorj (VOJTESTI 1934, 1938) und aus dem Stromgebiet der Flüsse Oltul und Tarnava Mare beschrieben (ILIE 1943, 1955). Hier wurden tertiäre Tonablagerungen auf der Sohle der Erosionstäler emporgepreßt. Sie bilden jetzt eine schwache, parallel mit der Talrichtung verlaufende Aufwölbung. Derartige Deformationen werden in der rumänischen Literatur als „Talantiklinalen" bezeichnet. Rumänische Autoren nehmen an, daß die Talantiklinalen durch lithostatischen Druck verursacht wurden: Sie leiten ihre Ansicht von den in Salzlagern auftretenden Verhältnissen ab. Salztone reagieren bekanntlich wie extrem plastische Massen, bei denen es tatsächlich zu einer plastischen Umgestaltung kommt.

Verf. hatte Gelegenheit, diese Deformationen in England, im Gebiete der böhmischen Kreideformation und im Gebiete der Karpaten (Abb. 3) — in der ČSSR wie auch in Rumänien — (ZÁRUBA 1956, 1958) zu beobachten. Er ist der Meinung, daß komplizierte Ursachen die Entstehung der Taldeformationen bedingen. Außer dem plastischen Herauspressen der Tone durch den lithostatischen Druck können auch Volumenänderungen und Aufquellungen vorkommen. Diese Erscheinungen treten bei einigen Tonen nach ihrer Entlastung auf. Schon

[1]) Vortrag, gehalten am Geologischen Institut der Bergakademie Freiberg am 11. 4. 1960

SAVARENSKIJ (1940) machte darauf aufmerksam, daß tonige Gesteine auf der Sohle von Flußtälern, wenn sie durch Erosion vom Druck der Deckschichten entlastet werden, an Volumen zunehmen und eine gewisse Hebung aufweisen.

Tonige Gesteine werden vom Gewicht der Deckschichten zusammengedrückt, so daß gewöhnlich der Grad ihrer Konsolidation dem Druck der ursprünglichen Deckschichten entspricht. Erfolgt eine Vertiefung des Flußtales, so wird der Druck geändert, und die Erscheinungen des Aufquellens hängen dann vom Charakter der Tone, ihrer mineralischen Zusammensetzung und der Schnelligkeit der Erosion ab.

Schreitet die Erosion langsam fort, passen sich einige Tone, die vom Druck der Deckschichten befreit wurden, verhältnismäßig leicht den veränderten Druckverhältnissen an. Besonders frostempfindliche pelitische Gesteine mit Einlagerungen durchlässiger Sande vergrößern rasch ihr Volumen, wenn sie mit Wasser gesättigt werden und gefrieren.

Bei intensiver Erosion kann auch der Fall eintreten, daß tonige Gesteine, vom Druck der Deckschichten befreit, nicht mehr in der Lage sind, sich den veränderten Druckverhältnissen anzupassen, und somit eine gewisse Zeit lang im Spannungszustand bleiben. Bei Aufgrabungen zeigen sie im Kontakt mit Luft und Wasser eine Neigung zum Aufquellen. Dies kann sich bei allen Ingenieurbauten sehr ungünstig bemerkbar machen.

Aus dem Angeführten ist ersichtlich, daß die beschriebene Deformation von weichen pelitischen Schichten auf der Talsohle entweder durch Herauspressen der tonigen Gesteine aus dem belasteten in das entlastete Gebiet (plastische Deformation) oder durch Vergrößerung des Volumens der Tone nach ihrer Entlastung und ihrem Durchfrieren entstehen kann. Es wird notwendig sein, auf Grund sorgfältiger Beobachtungen und Messungen zu ermitteln, wann es sich um eine plastische Deformation und wann um eine Deformation, die durch Änderung des Volumens der Gesteine verursacht wird, handelt. Der Charakter der Deformation ist abhängig von der Art und den Eigenschaften der Gesteine, von der Gliederung des Reliefs und von den geologischen Bedingungen. Bei ausgesprochen plastischen Gesteinen (weichen Tonen, Salztonen und ähnlichen) oder bei tektonisch stark gestörten Schiefertonen, die von vielen Gleitflächen durchsetzt sind, wird eine plastische oder quasi-plastische Deformation (ein Fließen) vorherrschen. Treten aber im Spannungszustand befindliche Tone auf, so werden Aufquellungen und Volumenänderungen einen größeren Anteil an diesen Deformationen haben.

Für die Ingenieurgeologie ist es wichtig, zu wissen, ob es sich hierbei um fossile, d. h. unter anderen klimatischen Bedingungen als den heutigen entstandene, oder um rezente Erscheinungen handelt. Bei rezenten Deformationen sind dauernde Spannungen, entstanden durch differenzielle Entlastung der weichen Gesteine in einem umgrenzten Gebiet, von entscheidender Bedeutung. Diese dauernden Spannungen können, auch wenn sie die Schubfestigkeit der plastischen Schichten nicht übersteigen, falls sie genügend lange einwirken, eine plastische Deformation verursachen. Bei der Entstehung der fossilen plastischen Deformation waren anormale klimatische Bedingungen während des Pleistozäns in periglazialen Gebieten wichtige Faktoren. So rief das teilweise oder vollkommene Auftauen der Dauerfrostböden günstige Bedingungen für die Entstehung dieser Oberflächendeformationen hervor.

Sind diese „Talantiklinalen" fossiler Natur, befindet sich das Gebiet heute bereits im Ruhezustand. Man muß nun darauf achten, daß nicht durch die Bauarbeiten Verhältnisse geschaffen werden, unter denen sich die Bewegungen erneuern könnten. Rezente „Talantiklinalen" dagegen bedeuten eine ständige Bedrohung der Ingenieurkonstruktionen. W. N. BENSON (1946) führt einen Fall rezenter plastischer Deformation eozäner Tone aus Neu-Seeland an, die eine stetige Bewegung von Wasserleitungsrohren zur Folge hatte.

In der Mehrzahl der Fälle, die Verf. Gelegenheit hatte zu studieren, gehört die Aufwölbung der Schichten unter den Erosionstälern zu den fossilen, unter periglazialen Bedingungen im Pleistozän entstandenen Erscheinungen.

Als Beispiel sei das Profil an der Baustelle in den Beskiden bei Ostrava (Abb. 4) angeführt, das an der Stelle des Fundamentaushubes gemessen und nach dem Ergebnis der Kernbohrungen zusammengestellt wurde. Das Tal entstand in den Mergelschiefern der Unteren Kreide, die von einem intrusiven Teschenitkörper durchdrungen ist. Die Mergelschiefer sowie auch der Teschenit wurden während der die Karpaten bildenden orogenetischen Prozesse tektonisch gestört. Das Einfallen der Schichten auf beiden Ufern zeigt, daß die Mergelschiefer und der Teschenit ursprünglich eine flache Antiklinale über dem heutigen Tal bildeten. Nach der Erosion des Tales sanken die massiven Blöcke des Teschenits in die weichen Schichten ein und verschoben sich zur Talsohle. Zweifellos hat das periglaziale Durchfrieren und Auftauen der Schichten zur Entwicklung dieser Erscheinung sehr viel beigetragen.

Das Herauspressen der weichen Mergelschiefer unter den Teschenitschollen weist den Charakter einer plastischen Defomation auf. Richtiger ist es, diese Deformation als quasi-plastische Umformung zu bezeichnen. Im vorliegenden Falle entwickelte sich die Deformation aus vielen kleinen differenziellen Verschiebungen auf Flächen, die feste Bruchstücke begrenzen. Diese Bruchstücke haben im Untersuchungsbereich die Form kleiner Linsen, die durch geglättete Flächen mit einer feinen weichen Tonschicht voneinander getrennt sind. Diese Bewegung ging deshalb plastisch vor sich, weil sich die einzelnen differenziellen Verschiebungen nicht in einer einzigen Gleitfläche vereinigten, so daß es auch zu keiner plötzlichen Rutschung einer räumlich deutlich begrenzten Masse kam. Die Labilität des Abhanges äußerte sich erst nach

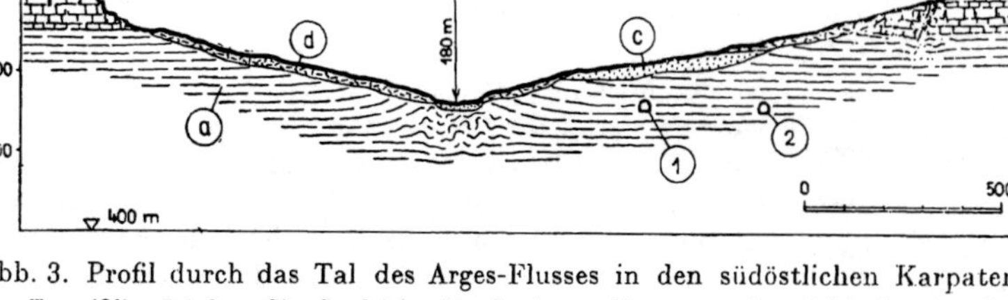

Abb. 3. Profil durch das Tal des Arges-Flusses in den südöstlichen Karpaten
a – Tone (Oligozän), b – Gips-Sandsteine (Aquitan), c – Terrassensande und Schotter, d – Gehängeschutt und Erdrutschungen
1 – ungünstige Tunnelachse in der gestörten Zone, 2 – empfohlene Tunnelachse im festen Gestein

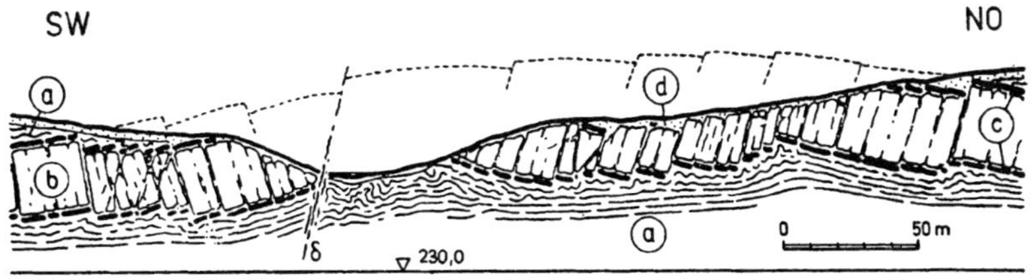

Abb. 4. Profil durch die Baustelle der Talsperre an der Lucina in den Beskiden, als Beispiel einer Aufwölbung der Talsohle

a — weiche Mergelschiefer (Untere Kreide), b — Teschenit, c — kontaktmetamorphe Schiefer, d — Gehängeschutt und Lößlehme

Verlauf eines längeren Zeitraumes, nach dem die kleinen dauernden Deformationen meßbare Werte zeigten.

Die Deformationen gehören zeitlich ins Pleistozän, da die Stufen zwischen den Blöcken mit Gehängeschutt und Lößlehmen ausgefüllt sind.

Die bei diesem Bau gewonnenen Erfahrungen zeigen, daß dort, wo ein Herauspressen von plastischen Gesteinen auf der Talsohle droht, ein besonderer Arbeitsgang, insbesondere beim Ausheben der Fundamente, eingehalten werden muß. Es ist hier nicht zulässig, die gesamte Fundamentgrube auf der Talsohle gleichzeitig auszuheben. Auf diese Weise käme es zu einer Entlastung der Talsohle und somit zu einer Beschleunigung der plastischen Bewegung, die ein Abrutschen der Hänge hervorrufen könnte. Der Aushub für einzelne Fundamentblöcke bzw. für Teile der Blöcke soll allmählich vorgenommen werden, und zwar so, daß möglichst nur eine kleine Fundamentfläche aufgedeckt und entlastet wird. Nach Beendigung des Aushubes der Fundamentgrube eines jeden einzelnen Blockes ist es nötig, den Block bis auf eine entsprechende Höhe zu betonieren, damit er die Talsohle genügend belastet. Erst nach einem teilweisen Ausbetonieren des Blockes darf zum Aushub der benachbarten Fundamentgrube geschritten werden.

Auch beim Injizieren der Gründungssohle und der Dichtungsschürze muß auf die Auflockerung Rücksicht genommen werden. Bei Anwendung von größeren Drücken kam es zu unregelmäßigen Hebungen der in Arbeit befindlichen Betonblöcke. Die Zementmischung drang längs der Schichtfugen und differenziellen Gleitflächen in den gestörten Schichten auf eine große Entfernung von der Injektionsbohrung in verschiedene Richtungen vor. Dadurch kam es zu unregelmäßigen Hebungen und zu einer weiteren Auflockerung der gestörten Schiefer.

Nach unseren Erfahrungen sind die Injektionsdrücke, die gleich dem zweifachen Gewicht des Hangenden waren, bei horizontalliegenden Schichten zu groß. Bei diesen Drücken kam es zu Hebungen einzelner Betonblöcke. Bei steilgeneigten Schichten war es möglich, Injektionsdrücke anzuwenden, die dem vierfachen Gewicht des Hangenden entsprachen, ohne daß das Gestein gestört wurde und eine Hebung der Blöcke eintrat.

Es ist deshalb wichtig, durch ein genaues Nivellement oder mittels einer anderen geeigneten Methode (Schlauchwaage, MARTIN 1953) die Hebungen der Terrainoberfläche während der Injektionsarbeiten zu verfolgen. Falls es tatsächlich zu Hebungen kommen sollte, so müssen die Injektionsdrücke entsprechend verringert werden.

Da die Deformation des aufgelockerten Fundamentbodens nicht gut in Zahlen angegeben werden kann, sind in diesen Fällen Erd- oder Rockfilldämme vorteilhafter, die eine unregelmäßige Setzung des Untergrundes besser vertragen. Breite Erddämme belasten die Talsohle ziemlich gleichmäßig und tragen zum Ausgleich verschiedener Drücke auf der Talsohle und auf den Hängen bei. Es ist notwendig, mit einem bedeutenden Setzen des Dammes, verursacht durch ein Zusammendrücken des aufgelockerten Untergrundes, zu rechnen.

Noch ernstere Probleme treten bei Derivationstunneln auf, die unter Talhängen aufgefahren sind, die parallel zu den durch Aufwölbung gestörten Schichten verlaufen. In den südöstlichen Karpaten wurde unter der Sohle eines aus weichen oligozänen Tonen gebildeten Abhanges, über welchen höher am Hang feste Sandsteine liegen, ein Abfallstollen projektiert. Die Schichtenfolge ist mit 10—14° in Richtung des Flußlaufes geneigt. Unter dem Tal befinden sich aber oligozäne Tone, die in eine typische Talantiklinale herausgepreßt wurden. In dem Versuchsstollen wurden Neigungen von 16—20° in Richtung auf die beiden Talhänge festgestellt. Es war nun zu ermitteln, ob diese Deformation als eine fossile Erscheinung anzusehen ist oder ob sie auch weiterhin unter den heutigen klimatischen Verhältnissen und beim heutigen Geländerelief andauert. Da das Vortreiben eines Tunnels in einem durch rezente plastische Deformationen aufgelockerten Gestein sehr schwierig gewesen wäre, wurde empfohlen, die Trasse des Tunnels in den Hang außerhalb der gestörten Zone zu verlegen. Auch das Mundloch des Stollens mußte so ausgebildet werden, daß es durch die Aufwölbung des Gesteins nicht bedroht wird.

Im vorliegenden Fall entstand die Aufwölbung in einer Zeit, in der die Talhänge steiler als heute waren und in der die Schichten unter dem Tale im Vergleich zu heute stärker beansprucht wurden. Die heutige Talform wurde durch Erdrutsche bedeutend modelliert, wodurch sich auch die Neigungswinkel der Talhänge verringerten.

Der französische Geologe J. GOGUEL (1948) war bestrebt, die Frage, bei welcher Neigung eines Hanges ein Herauspressen der Tone an der Sohle erfolgen kann, mathematisch zu lösen. Aus seinen Arbeiten geht hervor, daß plastische Deformationen an der Talsohle nur bei verhältnismäßig steilen Hängen, bei denen der Unterschied zwischen den Spannungen im belasteten und entlasteten Abschnitt sehr groß ist, und bei sehr weichem Tongestein auftreten können.

Unsere bisherigen Kenntnisse über plastische Deformationen — verursacht durch verschieden große Belastung auf der Talsohle und an den angrenzenden Hängen — sind so unvollkommen, daß alle theoretischen Erwägungen und Analysen nur den Charakter von Arbeitshypothesen haben können. Daher ist es ratsam, sich zur Zeit auf eine genaue Beschreibung der in der Natur beobachteten Erscheinungen zu beschränken. Diese Fälle können wir als Versuche in großem Maßstab ansehen, bei denen die Natur selbst als Versuchslaboratorium zu betrachten ist, die sich die Versuchsbedingungen selbst diktiert. Da diese Erscheinungen in der Regel nur zeitlich begrenzt beobachtbar sind, müssen sie möglichst genau beschrieben und registriert werden.

Zusammenfassung

Ungünstig für größere Bauwerke — Talsperren, Stollen usw. — ist eine Deformation von weichen pelitischen Schichten in der Talsohle, die entweder durch Herauspressen der tonigen Gesteine aus dem belasteten in das entlastete Gebiet oder durch Vergrößerung des Volumens der Tone nach ihrer Entlastung entstehen kann. Für den Ingenieurgeologen ist es wichtig zu wissen, ob es sich hierbei um eine fossile oder rezente Erscheinung handelt. Rezente Deformationen bedeuten eine ständige Bedrohung der Bauwerke. Vom Verfasser wurden einige Hinweise gegeben, die ein Herauspressen von plastischen Gesteinen in der Talsohle verhindern helfen.

Резюме

Для крупных сооружений — плотин, штольней и т. д. — неблагоприятной является деформация мягких пелитовых слоев на тальвеге, которая возникает либо при выдавливании глинистых пород из нагруженных в ненагруженные участки, либо при увеличении объема глин после удаления нагрузки. Для инженеров-геологов при этом важно знать, идет ли речь о древнем или современном явлении. Современные деформации являются постоянной опасностью для сооружений. Автором даны некоторые указания, которые могут препятствовать выдавливанию пластических пород на тальвеге.

Summary

A deformation caused by incompetent pelitic strata in the valley bottom produces unfavourable effects on large structures, such as dams, drifts, etc. Its origin may be due to either squeezing argillaceous rocks out of a loaded into an unloaded zone, or enlarging volume of clays after being unloaded. It imports the engineer-geologist to know whether the event in question is a fossil or a recent one. As recent deformations mean a permanent threat to structures, directions are given by the author to help to prevent plastic rocks from being squeezed out in the valley bottom.

Literatur

ARKELL, W. L.: The Geology of Oxford. — 1947.
BENSON, W. N.: Landslides and their Relation to Engineering in the Dunedin District, New Zealand. — Economic Geology, 1946.
DRAGOS, V.: Deplasari de Teren. — Bucuresti 1957.
GOGUEL, J.: Introduction a l'étude mécanique des déformations de l'écorce terrestre. — Mem. Carte Geol., Paris 1948.
HOLLINGWORTH, S. E., J. H. TAYLOR & G. A. KELLAWAY: Largescale Super ficial Structures in the Northampton Ironstone Field. — Quart. Journ. of the Geol. Soc. of London, 1944.
HOLLINGWORTH, S. E. & F. A. BANNISTER: Basaluminite and Hydrobasaluminite, two new minerals from Northamptonshire. — The Mineralogical Magazine, London 1950.
ILIE, M.: L'influence des affaissements synclinaux sur le mode de présentation d'une structure géologique. — C. R. de l'Acad. des Sci. de Roum, Bucuresti 1943/44.
— Cercetari geologice in Bazinul Transilvanici. — An. Com. Geol., Bucuresti 1955.
MARTIN, H.: Über Möglichkeiten, die Schlauchwaage als Präzisionsnivellierinstrument zu verwenden. — Freiberger Forsch.-H. 67, Berlin 1953.
TERZAGHI, K.: Mechanism of landslides. — Geol. Soc. of Am. Berkey Volume, New York 1950.
VOITESTI, I. P.: Notiuni de geologia zăcămintelor de sare. — Rev. Muz. Min. Cluj 1934.
— L'influence de l'érosion sur la forme et la structure des massifs de sel. — C. R. de l'Acad. des Sci. de Roum, Bucuresti 1938.
ZÁRUBA, Q.: Superficial Quasi-plastic Deformations of Rocks. — Rozpravy ČSAV, Praha 1956.
— Pleistocene Bulging in the Valley of the River Arges in Rumania. — Vestnik ÚÚG, Praha 1958.
ZÁRUBA, Q. & J. RYBAR: Erfahrungen mit der Injektierung einer Dichtungsmembrane in gestörten Schiefern. — Inz. stavby, Praha 1957 (tschechisch).

Geomechanik im Tiefbau

ELIGIUS ROBERT SCHMIDT, Budapest

In einer früheren Arbeit hatte Verf. an Hand der Beziehungen zwischen Geomechanik und Ingenieurgeologie unter anderem auch auf die Bedeutung der Geomechanik im Tiefbau, Tunnelbau und Untergrundbahnbau hingewiesen (SCHMIDT 1957). Im folgenden sollen die geomechanischen Verhältnisse von zwei Budapester Untergrundbauten, die des Gasbehälters im Tábor-Berg und die des Wasserbeckens im Gellért-Berg, kurz besprochen werden.

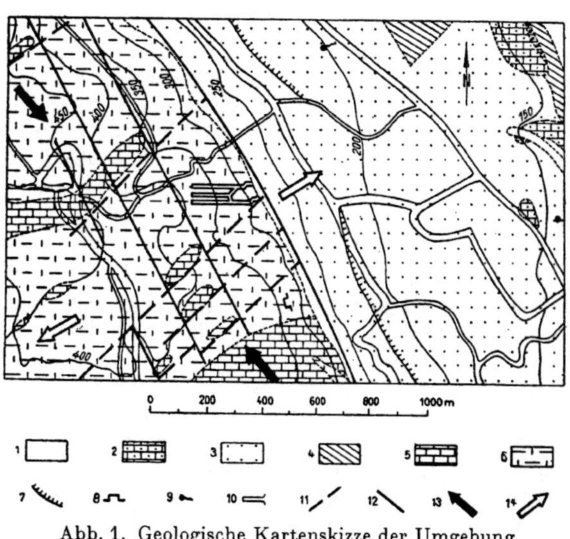

Abb. 1. Geologische Kartenskizze der Umgebung des Tábor-Berges

1 — Alluvium, 2 — Süßwasserkalk und Kalktuff, 3 — Löß über Kisceller Ton (Pleistozän), 4 — Kisceller Ton (Mittleres Oligozän), 5 — Nummulitenkalk (Eozän), 6 — Hornsteinführender Dolomit (Obere Trias), 7 — Rutschung, 8 — Natürliche Höhle, 9 — Quelle, 10 — Gashöhle, 11 — Überschiebung (Schuppung), 12 — Verwerfung, 13 — Druckrichtung, 14 — Zug

Der ständig wachsende Bedarf der ungarischen Hauptstadt an Gasenergie macht den Bau großräumiger Gasbehälter notwendig. Für die Herstellung der herkömmlichen Tiefdruck-Gasbehälter werden große Mengen

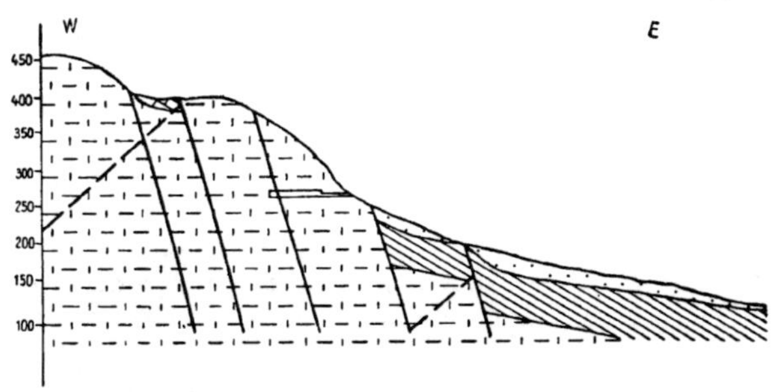

Abb. 2. Geologisches Profil des Tábor-Berges (Legende siehe Abb. 1)

hochwertigen Stahls benötigt. Um diesen zu sparen, wurden die Behälter unter der Erdoberfläche in ein Gestein mit entsprechender Festigkeit und hohem Elastizitätsmodul eingebaut.

Das von einem entfernten Ölfeld mit 15—16 at Druck herangeführte Erdgas wird in dünnwandigen Stahlzylindern gespeichert. Dadurch soll die Diffusion des Gases verhindert und zum Teil der innere Überdruck übernommen werden. Den inneren Gasdruck nimmt das Gestein selbst auf. Die damit verbundenen technischen Probleme sind bereits von KOVÁCSHÁZY (1957) behandelt worden. Hier sollen nur die geomechanischen Verhältnisse des Gebirges geschildert werden.

Das Budaer Gebirge zeigt als Teil des transdanubischen mesozoischen Mittelgebirges die gleichen tektonischen Verhältnisse wie das ganze ungarische Zwischen-

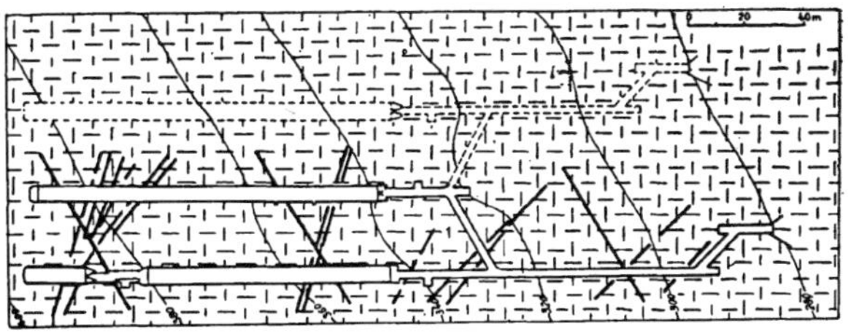

Abb. 3. Tektonische Skizze der Umgebung des Gasbehälters (Legende siehe Abb. 1)

gebirge. Als Folge der kretazischen gebirgsbildenden Kräfte — Beanspruchung des Zwischengebirges auf Drehung — entstanden auch im Budaer Gebirge NE—SW und NW—SE streichende Brüche. Entsprechend der Art der Beanspruchung durch die tektonischen Kräfte sind die Längsbrüche, das heißt die in NE—SW-Richtung verlaufenden Brüche im allgemeinen geschlossen, die NW—SE verlaufenden Querbrüche dagegen disjunktiv. Das zeigt deutlich das Querprofil des Hármashatárhegy-Táborhegy-Mátyáshegy (Abb. 1, 2). Auch hier sind die NE—SW streichenden tektonischen Brüche mit Materialstauung und mit in südöstlicher Richtung erfolgter Schuppung verbunden. Letztere ist mit Schichtenwiederholung, mit Brekzienbildung im hornsteinführenden Dolomit und stellenweise mit schwacher Faltung des Dolomits verknüpft. Die disjunktiven Querbrüche sind dagegen — gemäß der in SW—NE-Richtung erfolgten Krustendehnung — als Verwerfungen entwickelt, längs derer das Gebirge in Richtung auf den im NE liegenden Solymárer Graben abgesunken ist.

*

Auf Grund der gesteinsmechanischen Verhältnisse, die sich aus dem tektonischen Bild ergaben, mußten die Stollen in E—W-Richtung angelegt werden, damit sie die möglichen tektonischen Brüche unter großem Winkel schneiden. Die mit dem Bau des Gasbehälters zusammenhängenden Gesteinsaufschlüsse haben die Richtigkeit dieser Maßnahme in jeder Hinsicht bestätigt (Abb. 3).

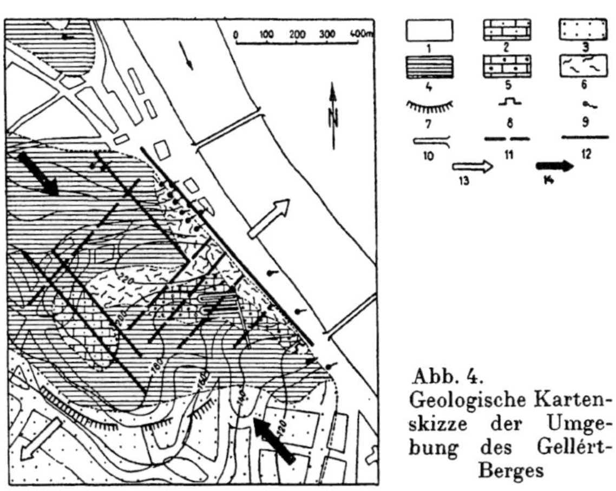

Abb. 4. Geologische Kartenskizze der Umgebung des Gellért-Berges

1 — Alluvium, 2 — Süßwasserkalk (Pleistozän), 3 — Löß über mitteloligozänem Ton (Pleistozän), 4 — Mergel (Unteres Oligozän), 5 — Nummulitenkalk und Bryozoenmergel (Oberes Eozän), 6 — Hauptdolomit (Obere Trias), 7 — Rutschung, 8 — Höhle, 9 — Thermen, 10 — Wasserbehälter, 11 — Überschiebung (Schuppung), 12 — Verwerfung, 13 — Druckrichtung, 14 — Zug

Ähnliche tektonische Verhältnisse zeigte auch der triadische Hauptdolomit. In diesem wurde ein Wasserbecken mit einem Speicherraum von vorläufig 30000 m³ errichtet, weil das im Schwerpunkt des Verbrauchszentrums liegende alte druckregelnde Becken nicht mehr den Ansprüchen genügte. Da in der Nähe über Tage kein freier Platz mehr zur Verfügung stand, sah man sich gezwungen, das neue Becken im Berginneren anzulegen.

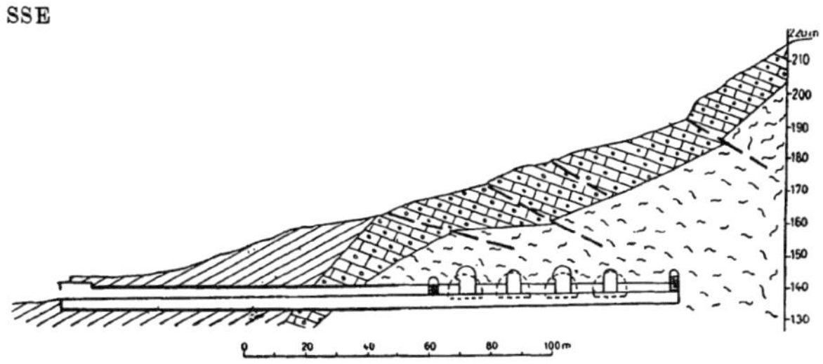

Abb. 5. Geologisches Profil des Gellért-Berges (Legende siehe Abb. 4)

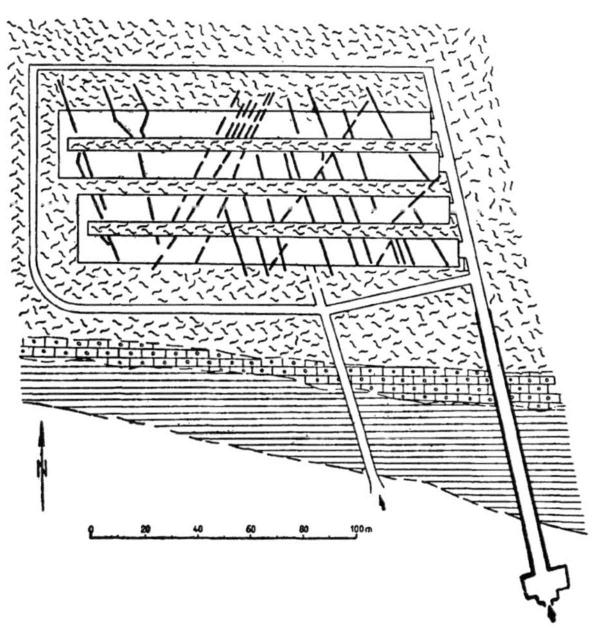

Abb. 6. Tektonische Skizze der Umgebung des Wasserbeckens (Legende siehe Abb. 4)

Die Wasserbecken im triadischen Hauptdolomit wurden westlich vom Haupteingangsstollen angelegt. Dieser Stollen durchfuhr, bevor er in den Hauptdolomit kam, Gehängeschutt, oligozäne Tone und Mergel, eozäne hornsteinführende Brekzien und Bryozoen-Mergel. Die beiden liegenden U-förmigen Wasserbehälter haben einen Speicherraum von je 15000 m³, insgesamt also einen Nutzraum von 30000 m³. Ihre Anlage in E—W-Richtung wurde entsprechend der Tektonik gewählt. Auch hier wurden im Laufe des Stollenvortriebes NNW—SSE verlaufende disjunktive Brüche und NE—SW streichende Längsbrüche angefahren. Durch die Lithoklasen, besonders aber durch die mehr oder weniger geöffneten Brüche konnte ein Wärmestrom aus der Tiefe festgestellt werden (der Thermalwasserspiegel liegt ca. 35 m unter der Beckensohle), so daß schon während des Stollenvortriebs eine Temperatur von 28°C gemessen wurde.

Das von tektonischen Brüchen und Lithoklasen durchsetzte Gestein wurde mit besonderer Eisenbetonverkleidung und mit Zementmörtelanstrich versehen, um es gegen Temperaturschwankung unempfindlich, wasserundurchlässig und betriebssicher zu machen. Durch eine weitgehende Berücksichtigung der geomechanischen Verhältnisse sowie durch die umsichtige technische Planung und Ausführung gelang es, ein auf solider Basis ruhendes, druckausgleichendes Wasserbecken zu schaffen, dessen Wasserverlust unter den zugelassenen Grenzen liegt.

Die geologischen, tektonischen und geomechanischen Verhältnisse sind skizzenhaft in den Abb. 4—6 dargestellt.

Literatur

KOVÁCSHÁZY, F.: Berechnung von in Gestein gebetteten Druckrohren und Behältern. — Acta Technica Academiae Scientiarum Hungaricae. Tom. XVIII., Fasc. 3/4, Budapest 1957.
SCHMIDT, E. R.: Geomechanika. — Akadémiai Kiadó, Budapest 1957.

Methodik der Erkundung von Erdölstrukturen[1)]

E. W. GORDINSKI, Moskau

Gegenwärtig gelten als wichtigste Verfahren der industriellen Erkundung tiefer Erdölstrukturen die Profil-, die Dreiecks- und die Ringmethode.

Bei der Profilmethode (Abb. 1) werden die zur Erkundung des Erdöllagers nötigen Bohrungen in Profilen angeordnet, wobei die Richtung der Profile gewöhnlich quer zum Streichen der zu erkundenden Struktur ausgewählt wird. Diese Methode wurde für die Erkundung der im Kaukasischen Geosynklinalbereich liegenden erdölführenden Gebiete entwickelt. Ihre Anwendung bei deutlich ausgeprägten Strukturen, die oft durch disjunktive Störungen kompliziert sind, ermöglicht es, den tektonischen Bau der Aufwölbungen mit ausreichendem Wahrscheinlichkeitsgrad festzustellen. Die an solche Fallen gebundenen Erdöllager sind in der Hauptsache dem tektonischen Bau angepaßt. Mit der Profilmethode kann man die Verteilung von Erdöl, Erdgas und Wasser in einer Schicht untersuchen. Außerdem bewährt sie sich bei der Erkundung von Erdöllagern, die an tektonische, stratigraphische und lithologische Fallen gebunden sind. Hier werden dann die Profile quer zu den Störungen oder den Linien der Nullmächtigkeit (des Ausstriches, Anm. d. Übers.) der erdölführenden Schicht gelegt.

Ungeachtet ihrer positiven Seiten führt die Anwendung der Profilmethode gewöhnlich zu einer ungenügenden Vorbereitung von Produktionsfeldern und zu einer Verzögerung bei der Entwicklung der Produktionsbohrtätigkeit.

Um vor Beendigung der Erkundung der Gesamtlagerstätte mit Produktionsbohrungen auf Teilfeldern beginnen zu können, wurde in den dreißiger Jahren die Dreiecksmethode der Erkundung (Abb. 2) vorgeschlagen, die darin besteht, daß die Aufschlußbohrungen schachbrettmusterartig angesetzt werden. Sobald in drei Aufschlußbohrungen, die an den Ecken eines Dreieckes liegen, Öl erhalten wird, kann man dieses Teilfeld einer höheren Vorratsklasse einordnen und auf ihm mit Produktionsbohrungen beginnen.

Bei Anwendung dieser Erkundungsmethode ist es infolge der Verteilung der Bohrungen unmöglich, gleichzeitig mit der Umgrenzung des Feldes eine Vorstellung über seinen tektonischen Bau zu bekommen und geologische Profile und Strukturkarten anzufertigen. Die Dreiecksmethode erfordert zur Erkundung der Struktur und der Lagerungsverhältnisse des Erdöls eine größere Zahl von Aufschlußbohrungen als die Profilmethode. Außerdem verzögert die Dreiecksmethode den Abschluß der Erkundung der Gesamtstruktur.

[1)] Aus: „Raswedka i ochrana nedr", H. 4, 1957, S. 23—30 (gekürzt). Übers.: KOCHMANN

In den Nachkriegsjahren hat sich der Schwerpunkt der Erkundung aus den südlichen Gebieten nach dem Osten des Landes verschoben, wo weite tafelförmige, brachyantiklinale und kuppelförmige Tafelaufwölbungen mit einem Flankeneinfallen, das nur Minuten beträgt, vorkommen.

In den Tafelgebieten besitzen die produktiven Sandsteinschichten viele Zwischenlagen schwer durchlässiger Gesteine (Tone und tonige Schluffgesteine), was als Ursache für die sogenannten „kahlen Stellen" innerhalb eines Lagers anzusehen ist. Außerdem ändern sich die Speichermerkmale der Sandsteine selbst innerhalb eines Feldes bedeutend.

Bei schwach ausgeprägten Strukturen spielen die obenangeführten Besonderheiten im Bau der produktiven Schichten und die lithologisch-faziellen Änderungen für den Charakter der Erdölverteilung eine bedeutende Rolle, da sie manchmal die Verlagerung des Lagers an eine beliebige Flanke der Struktur zur Folge haben. Der tektonische Faktor ist nicht so entscheidend wie in den Geosynklinalgebieten. In der Regel schneiden bei Tafellagerstätten die Randwasserlinien die Isohypsen der Strukturkarte einer Schicht.

Der verhältnismäßig einfache tektonische Bau der Tafelstrukturen (Fehlen von Bruchstörungen, von überkippten Flanken usw.) und auch das Streben nach einer möglichst detaillierten Untersuchung des Verlaufes der Randwasserlinie führte zur sogenannten Ringmethode der Erkundung (Abb. 3). Eine nicht geringe Rolle spielte bei der Ausarbeitung dieser Methode die ringförmige Verteilung der Produktionsbohrungen parallel zur Kontur der Erdölführung auf den neuen Feldern des Zweiten Baku.

Abb. 1. Schema zum Ansatz von Erkundungsbohrungen bei der Profilmethode

1 — Isohypsen der Oberkante der erdölführenden Schicht, 2 — erste fündige Bohrung, 3 — Bohrungen der ersten Reihe, 4 — Bohrungen der zweiten Reihe, 5 — Bohrungen der dritten Reihe, I—III Profillinien

Abb. 2. Schema zum Ansatz von Erkundungsbohrungen bei der Dreiecksmethode

1 — Isohypsen der Oberkante der erdölführenden Schicht, 2 — erste fündige Bohrung, 3 — Bohrungen der ersten Reihe, 4 — Bohrungen der zweiten Reihe

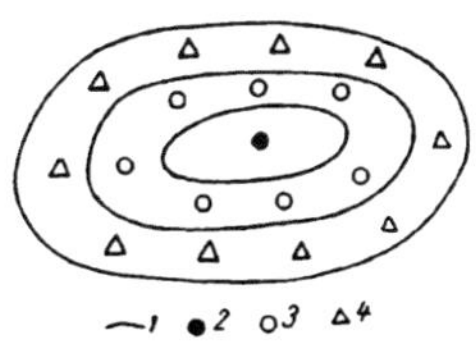

Abb. 3. Schema zum Ansatz von Erkundungsbohrungen bei der Ringmethode (Erklärung wie bei Abb. 2)

Bei der Ringmethode werden zur Feststellung der Randwasserlinie die Erkundungsbohrungen fortlaufend in Ringen um die Peripherie der Lagerstätte angesetzt. Die Ringmethode besitzt für den Tafeltyp der Lagerstätten im Vergleich zur Profil- und Dreiecksmethode einige Vorzüge.

Als Hauptvorzüge sind zu nennen:

1. man bekommt zahlreiche Daten über die Lage der Randwasserlinie,

2. man erhält ein großes Gebiet des Förderfeldes im Innern des abgebohrten Ringes von Erkundungsbohrungen,

3. die niedergebrachten Erkundungsbohrungen fallen in das Netz der Produktionsbohrungen (bei der Verteilung letzterer in ringförmigen Batterien).

Die Ringmethode weist jedoch eine Reihe wesentlicher Mängel auf. Einer davon besteht in der Schwierigkeit, an Hand der Aufschlußarbeiten Profile und Strukturkarten herzustellen. Ein anderer bedeutender Mangel ist die große Anzahl erfolgloser Bohrungen, weil Angaben über den tektonischen Bau der zu untersuchenden Aufwölbung fehlen, was die Festlegung der Ansatzpunkte für die erste Ringreihe von Erkundungsbohrungen unmöglich macht. Außerdem erschwert sie die Untersuchung des Baues der produktiven Schicht selbst.

Es haben also alle gegenwärtig angewendeten Methoden der industriellen Erkundung neben ihren positiven Seiten ihre Mängel. Die Methode für das Ansetzen von Erkundungsbohrungen wird in jedem Fall vom geologischen Bau der Lagerstätte bestimmt.

Bevor mit den Erkundungsarbeiten begonnen wird, ist es stets unumgänglich, nach den bestehenden Hypothesen über die zu erwartende Struktur der zu erkundenden Lagerstätte einen generellen Plan für ihre Durchführung aufzustellen. Leider werden solche Grundpläne noch nicht immer ausgearbeitet. Anstatt die Erkundung einer Lagerstätte bis zum Ende zu führen, beschränkt man sich in manchen Fällen auf spekulative Konstruktionen in unvollkommen erkundeten Teilfeldern, um bei den Erkundungsbohrungen Mittel einzusparen. Dabei sind wir niemals vor Fehlern sicher, die eine falsche Bewertung der industriellen Vorräte und die Aufstellung eines Förderprojektes auf einer falschen geologischen Grundlage nach sich ziehen. In derartigen Fällen können an Stelle der Einsparung völlig unproduktive Aufwendungen für die Korrektur der aufgetretenen Fehler entstehen.

Im Jahre 1949 war auf dem Feld von Shirnowsk aus der Schicht „B_1" des Tulaer Horizontes in der Bohrung Nr. 1 das erste Öl erhalten worden. Die industrielle Erkundung des durch die Bohrung Nr. 1 erschlossenen Lagers verlief dann in folgender Weise (Abb. 4): Im Jahre 1950 wurden die Bohrungen Nr. 4, 8 und 9 westlich und östlich der ersten fündigen Bohrung und die Bohrungen Nr. 5 und 19 nördlich dieser niedergebracht; im Jahre 1951 wurden abgeteuft die Bohrung Nr. 2 östlich der Bohrung Nr. 1, die Bohrung Nr. 6 südlich von dieser, die Bohrung Nr. 13 nördlich der Bohrung Nr. 4, die Bohrung Nr. 12 nordöstlich der Bohrung Nr. 13, die Bohrung Nr. 14 östlich der Bohrung Nr. 5, die Bohrungen Nr. 15 und Nr. 11 nördlich von der Bohrung Nr. 15 und die Bohrung Nr. 28 westlich von der Bohrung Nr. 11. Insgesamt wurden 14 Erkundungsbohrungen niedergebracht.

Von diesen Bohrungen kamen zwei in die Randwasserzone (Bohrung Nr. 6 und Nr. 2), die Bohrung Nr. 9 traf die produktive Schicht nicht an, drei Bohrungen erschlossen die Randwasserlinie, und 9 Bohrungen kamen in den erdölführenden Teil des Horizontes.

In bezug auf die Struktur verteilen sich die niedergebrachten Erkundungsbohrungen in folgender Weise: die Bohrung Nr. 6 auf den südlichen periklinalen Ausläufer der Shirnowsker Struktur, die Bohrungen Nr. 1, 8, 2, 19 und 4 auf den Ostflügel der Antiklinale, die Bohrungen Nr. 4, 9, 12 und 23 auf ihren Westflügel, die Bohrungen Nr. 5, 13 und 15 trafen die Oberkante der produktiven Schicht in ihrer höchsten Lage an. Auf diese Weise haben wir ein Querprofil aus fünf Bohrungen (auf dem Südteil der Struktur) und ein Längsprofil aus sechs Bohrungen. Die übrigen Bohrungen sind über den Raum der Antiklinale verstreut.

Auf Grund des durch die angeführten Erkundungsbohrungen gewonnenen Materials erwies sich die Shirnowsker Antiklinale als Brachyantiklinalfalte, die sich in meridionaler Richtung erstreckt und deren Scheitel im Bereich der Bohrungen Nr. 5, 13 und 15 liegt. Die Achse der Falte setzt sich von der Bohrung Nr. 11 nach Süden zur Bohrung Nr. 13 fort, bei der sie nach Südosten in Richtung der Bohrung 6 abbiegt. Die Einfallswinkel an den Flanken der Struktur sind fast gleich und überschreiten nicht 4 bis 6°.

Zur Zeit der Aufstellung des Förderprojektes waren der Bau des nördlichen periklinalen Ausläufers der Struktur und die Lage der Randwasserlinie auf dem westlichen und östlichen Flügel nördlich der Bohrung 14 noch ungeklärt geblieben. Als unzureichend untersucht erwies sich der westliche Flügel der Antiklinale und der in Scheitelnähe gelegene Teil.

Aus dem Dargelegten ist ersichtlich, daß für die Berechnung der Vorräte und die Projektierung der Gewinnung auf dieser Lagerstätte bei weitem keine vollständigen Kenntnisse über den tektonischen Bau der Antiklinale und über die flächenmäßige Änderung der Speichereigenschaften des produktiven Horizontes sowie über die Lage des Wasser-Öl-Kontaktes vorhanden waren.

Auf dieser unvollständigen Grundlage wurde vom Allunions-Erdölforschungsinstitut ein Förderprojekt aufgestellt, das Anfang 1952 bestätigt wurde.

Die später auf der Shirnowsker Antiklinale durchgeführten

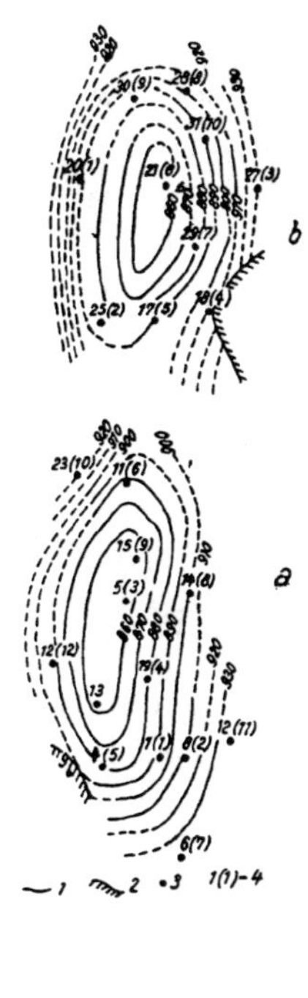

Abb. 4. Strukturkarten der Shirnowsker (a) und Bachmetjewsker (b) Antiklinale von der Oberkante der Schicht „B_1", nach den Ergebnissen der Erkundungsbohrungen

1 – Isohypsen von der Oberkante der Schicht „B_1"; 2 – Abschnitte, in denen die Schicht „B_1" fehlt; 3 – Erkundungsbohrungen, die die Schicht „B_1" angetroffen haben; 4 – Nr. der Bohrung und die Testfolge der Schicht „B_1"

Produktionsbohrungen zeigten, daß der tektonische Bau der Lagerstätte erheblich von der auf Grund der Ergebnisse der Erkundungsbohrungen gewonnenen Vorstellung abweicht (Abb. 5).

Der Scheitel der Brachyantiklinalfalte verschob sich stark zum westlichen Flügel, und das Schichteinfallen nahm von Süden nach Norden von 6 bis 45° zu. Außerdem traten in den in Scheitelnähe niedergebrachten Produktionsbohrungen unerwartet Gasausbrüche auf. Wie sich weiter herausstellte, besitzt das Erdöllager auf dem Shirnowsker Feld eine Gaskappe, deren Vorhandensein, sowohl nach dem Ergebnis der Erkundungsbohrungen als auch nach den Angaben der Laboratoriumsuntersuchungen, verneint worden war. Deshalb erwies sich das Förderprojekt für die Shirnowsker Lagerstätte als nicht dem Charakter derselben angepaßt.

Die niedergebrachten Injektionsbohrungen trafen auf dem westlichen Flügel die produktive Schicht 60 bis 150 m unterhalb der angenommenen Randwasserlinie an. Eine große Anzahl der projektierten und niedergebrachten Bohrungen entfiel auf den Bereich der Gaskappe.

Die bei der Durchführung von Erkundungsarbeiten auf dem Shirnowsker Feld gewonnenen Erfahrungen wurden bei der Erkundung der benachbarten Bachmetjewsker Antiklinale nicht berücksichtigt. Zur Zeit der Aufstellung des Förderprojektes hatte man auf diesem Feld zehn Erkundungsbohrungen abgeteuft (s. Abb. 4). Sechs von ihnen sind auf zwei Profilen zu je drei Bohrungen verteilt.

Das erste Profil verläuft auf dem äußersten südlichen Ende der Struktur. Alle Bohrungen dieses Profils entfielen auf den Bereich der Ostflanke. Das zweite Profil schneidet den zentralen Teil der Antiklinale. In der Bohrung Nr. 21, die auf dem zweiten Profil liegt, wurde die Oberkante der produktiven Schicht in ihrer höchsten Lage angetroffen. Die übrigen vier Aufschlußbohrungen sind ohne ersichtliche Gesetzmäßigkeit im Bereich der Ostflanke der Falte gelegen. Von der Gesamtzahl der abgeteuften Erkundungsbohrungen trafen drei die Randwasserzone, zwei erbohrten die Randwasserlinie, und sechs Bohrungen gerieten in den erdölführenden Teil. Dadurch blieben bei den Erkundungsarbeiten der nördliche periklinale Ausläufer der Bachmetjewsker Struktur und die Lager der Randwasserlinie auf dem Westflügel völlig unbekannt. Nur je eine Erkundungsbohrung wurde auf der Westflanke der Antiklinale und auf dem in Scheitelnähe gelegenen Teil niedergebracht.

Nach den Erkundungsbohrungen handelt es sich bei der Bachmetjewsker Struktur um eine sich in meridionaler Richtung erstreckende Brachyantiklinalfalte. Der Scheitel der Falte befindet sich im Bereich der Bohrung Nr. 21. Die Achse der Antiklinale setzt sich von der Bohrung Nr. 30 nach Süden in Richtung der Bohrung Nr. 21 fort. Im Bereich der Bohrung Nr. 21 nimmt die Achse südwestliches Streichen an und setzt sich in Richtung auf die Bohrung Nr. 25 fort. Die Einfallswinkel an den Flanken sind fast gleich und übersteigen nicht 4 bis 6°.

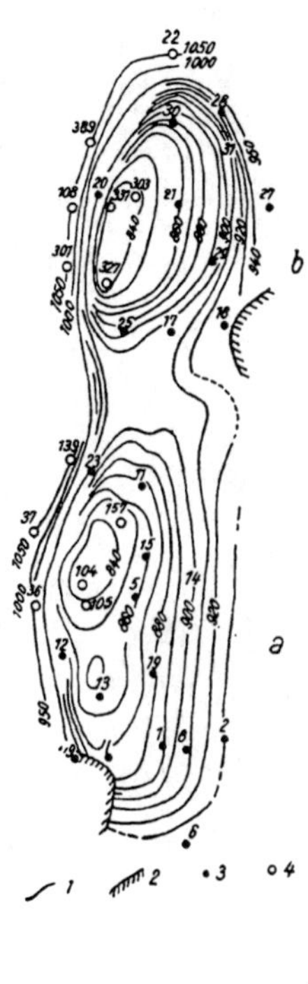

Abb. 5. Gegenwärtige Vorstellung über den Bau der Shirnowsker (a) und Bachmetjewsker (b) Antiklinale

1 — Isohypsen von der Oberkante der Schicht „B_1“; 2 — Abschnitte, in denen die Schicht „B_1“ fehlt; 3 — Erkundungsbohrungen, die die Schicht „B_1“ angetroffen haben; 4 — die wichtigsten Bohrungen, die die Vorstellungen über den Bau der Antiklinale geändert haben

Nach diesem unvollständigen geologischen Material wurde ein Projekt für die Ausbeutung der Bachmetjewsker Lagerstätte aufgestellt, das im Februar 1955 bestätigt wurde. In der Mitte desselben Jahres mußte man das Projekt ändern, da die Angaben über den geologischen Bau der Lagerstätte durch die niedergebrachten Produktionsbohrungen wesentlich verändert wurden (Abb. 5). Es stellte sich heraus, daß der Scheitel der Antiklinale dem Westflügel bedeutend näher liegt und daß die Flanke selbst so steil ist wie auf der Shirnowsker Antiklinale. Den in Scheitelnähe gelegenen Teil der Lagerstätte nahm das Gas einer Gaskappe ein, die in ihren Ausmaßen die Gaskappe der Shirnowsker Struktur bedeutend übertrifft.

Auf der westlichen Flanke der Antiklinale, auf der zwei Reihen von Produktionsbohrungen projektiert waren, überschreitet die Breite des Ölstreifens um die Gaskappe stellenweise nicht 150 m. Die Analyse der Erkundung der Shirnowsker und der Bachmetjewsker Lagerstätte zeigt, daß ungenügende Untersuchung des geologischen Baues der Lager zu bedeutenden unproduktiven Ausgaben während ihrer Ausbeutung führt. Es ist dies die Folge einer systemlosen Anordnung der Erkundungsbohrungen.

Unserer Meinung nach ist für die Erkundung von Erdöllagern, die an Antiklinalen vom Typ der Shirnowsker und Bachmetjewsker Brachyantiklinalfalten gebunden sind, die rationellste Methode die Anordnung der Erkundungsbohrungen auf Profilen, die quer zum erwarteten Streichen der zu untersuchenden Struktur verlaufen. Profile, auf denen drei Bohrungen angesetzt sind, erreichen unter diesen Bedingungen nicht das Ziel, wie dies aus dem Beispiel der Bachmetjewsker Lagerstätte ersichtlich ist.

Für die Bestimmung des Verlaufs der Faltenachse sind auf einem Profil mindestens vier Bohrungen anzusetzen. Nur so lassen sich Fehler vermeiden, wie sie bei der Erkundung der Shirnowsker und Bachmetjewsker Strukturen gemacht wurden.

Bei der Anwendung dieser Methode hätte die Erkundung einer Lagerstätte vom Typ der Shirnowsker und Bachmetjewsker folgendermaßen ausgesehen (Abb. 6). Nach dem Fündigwerden der ersten Bohrung ist es unbedingt notwendig, ein Profil mit vier Bohrungen abzubohren, das durch die ölfündige Bohrung geht. Dann setzt man von der Bohrung des ersten Profils, die die Oberkante der produktiven Schicht in geringster Tiefenlage angetroffen hat, in entgegengesetzten Richtungen zwei Bohrungen an, deren Abstand einem Drittel der erwarteten Länge der Antiklinale entsprechen soll. Wenn eine dieser Bohrungen die produktive Schicht in höherer Lage antrifft als die andere, legt man durch sie ein zweites, ebenfalls aus vier Bohrungen bestehendes Profil II–II. Von der Bohrung des zweiten Profils, die die erdölführende Schicht in geringster Tiefenlage angetroffen hat, wird vorerst nur eine Bohrung angesetzt, und zwar in demselben Abstand wie im ersten Falle. Die Abbohrung der Profile wird so lange fortgeführt, bis die betreffende Bohrung außerhalb des Bereiches der Erdölführung fällt oder die Randwasserlinie antrifft.

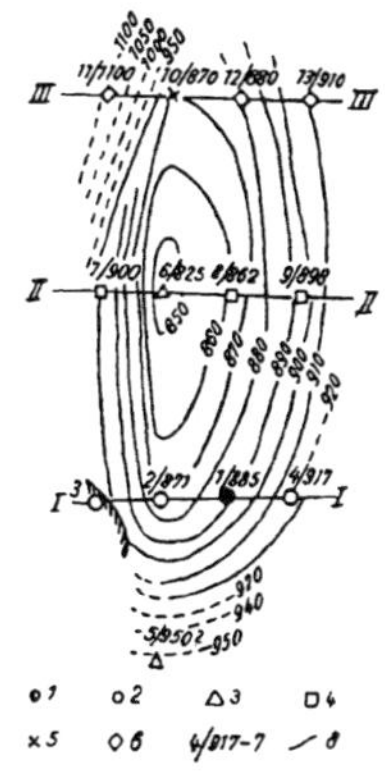

Abb. 6. Vorgeschlagenes Schema für Ansatz und Reihenfolge bei der Niederbringung von Erkundungsbohrungen

1 — erste fündige Bohrung, 2 — Bohrungen der ersten Reihe, 3 — Bohrungen der zweiten Reihe, 4 — Bohrungen der dritten Reihe, 5 — Bohrungen der vierten Reihe, 6 — Bohrungen der fünften Reihe, 7 — Nummer der Bohrung in der Reihenfolge des Niederbringens und die voraussichtliche Tiefe, in der die Schicht „B_1" erbohrt wird, 8 — Isohypsen der Oberkante der Schicht „B_1" nach den Ergebnissen des vorgeschlagenen Erkundungssystems

Auf diese Weise ist die Lagerstätte mit zwei bis drei Profilen, auf denen je vier Bohrungen niedergebracht werden, und mit zwei Bohrungen, die an den periklinalen Ausläufern der Struktur liegen, untersucht.

Wenn diese Methode auf der Shirnowsker Lagerstätte angewandt worden wäre, so hätten zwar diese 14 Aufschlußbohrungen auch niedergebracht werden müssen, aber die Kenntnis über den geologischen Bau der Antiklinale wäre bedeutend vollständiger gewesen.

Die Anwendung dieser Methode auf dem Bachmetjewsker Feld hätte die Niederbringung von vier Erkundungsbohrungen mehr erfordert, als in Wirklichkeit gebohrt worden sind. Aber die damit erhaltenen Ergebnisse hätten den Aufwand für die Bohrungen vollkommen aufgewogen, hätten eine eindeutige Vorstellung über den Bau der Lagerstätte gegeben, wodurch es möglich gewesen wäre, ein rationelles Fördersystem qualitativ einwandfrei zu projektieren.

Gegenwärtig, da man in der Sowjetunion auf allen neuen Lagerstätten begonnen hat, wissenschaftlich begründete Fördersysteme anzuwenden, ist die Projektierung eines solchen Komplexes von Erkundungsarbeiten eine wichtige Aufgabe, die die Abschlußarbeiten nicht erschwert und verzögert und gleichzeitig die Möglichkeit gibt, erschöpfende Angaben für die Aufstellung eines Projektes zur rationellen Ausbeutung der Lagerstätte zu bekommen.

In diesem Sinne steht vor den Geologen die große und verantwortungsvolle Aufgabe, eine Analyse auf schon abgebohrten Lagerstätten durchzuführen; besonders im Zweiten Baku sind entsprechende Systeme und ein Komplex der Erkundungsarbeiten für einzelne Typen von Lagerstätten festzulegen, die eine vollwertige Vorbereitung der Lagerstätten für die Produktion gewährleisten.

Es ist darauf zu achten, daß die zu projektierenden Erkundungsarbeiten nicht nur die richtige Vorstellung über den geologischen Bau der Lagerstätte und ihrer produktiven Horizonte vermitteln, sondern auch die erforderliche Dokumentation für die Förderprojekte erbringen müssen. Es sollen dabei folgende grundlegende Ausgangsdaten vorhanden sein:

1. die Ausmaße der produktiven Schicht, ihre Struktur, ihre Mächtigkeit, die Untergliederung der Schicht in einzelne Zwischenschichten, die Verbindung der Zwischenschichten untereinander;

2. die lithologisch-physikalischen Speichereigenschaften der produktiven Horizonte (Charakteristik der Porosität, der Permeabilität, der Klüftigkeit, des Kornbestandes des Gesteins und seiner Elastizitätseigenschaften);

3. die Umrisse der Gas- und Ölführung, die physikochemischen Eigenschaften des Erdöls, Gases und Wassers, ihr spezifisches Gewicht, Viskosität, Zusammensetzung, Elastizität, Löslichkeit des Gases im Erdöl, anfängliche Erdöl- und Erdgassättigung der Gesteine (Gehalt an Haftwasser);

4. Angaben über die Erdölabgabe nach Laboruntersuchungen an Kernen unter verschiedenen Bedingungen des Ölauszuges aus dem Gestein;

5. Lagerstättentemperatur und -druck, zulässige Flüssigkeitsentnahme aus der Schicht bei verschiedenen Drücken durch sorgfältige Testversuche in Erkundungsbohrungen;

6. Angaben über das Einzugsgebiet und die natürlichen Bedingungen, die die Bildung dieses oder jenes Regimes zur Auswertung der produktiven Schicht begünstigen.

Die Vorlage der aufgeführten Dokumentation bildet die Grundlage für die Projektierung eines rationellen Fördersystems und einer effektiveren Ausbeute der Lagerstätte.

Zusammenfassung

Als Hauptverfahren der industriellen Erkundung tiefer Erdölstrukturen gelten gegenwärtig die Profil-, die Dreiecks- und die Ringmethode. Jedes dieser drei Verfahren zeigt Vor- und Nachteile, die vom Autor an Hand eines Beispiels beschrieben werden. Eine systemlose Anordnung der Erkundungsbohrungen bewirkt jedoch eine ungenügende Untersuchung des geologischen Baues und führt zu unproduktiven Ausgaben während der Ausbeutung des Ölfeldes.

Резюме

Основным методом эксплуатационной разведки глубоких нефтяных структур в настоящее время являются методы профилей, треугольника и круга. Каждый из этих методов имеет свои недостатки и преимущества, которые описаны автором на основе примера. Бессистемное расположение разведочных скважин вызывает, однако, недостаточное изучение геологического строения и ведет к непродуктивным расходам во время эксплуатации нефтяного поля.

Summary

The profile, triangle and ring method are at present used as principal methods in industrial reconnaissance of deep petroleum structures. Each of the three methods shows advantages and disadvantages which are illustrated by a specific example. However, a systemless disposition of reconnaissance drillings causes an insufficient investigation of the geological structure and results in unproductive expenses during the exploitation of the oil-field.

Literatur

BUZIK, I. W.: Über den Aufsatz von G. M. KOSTAMANOW „Die Differenz in der Bestimmung der Flözmächtigkeit durch Bohrungen". — Raswedka i ochrana nedr, H. 12, 1957.

KOSTAMANOW, G. M.: Die Differenz in der Bestimmung der Flözmächtigkeit durch Bohrungen. — Raswedka i ochrana nedr, H. 6, 1956.

OGARKOW, W. S.: Über die Qualität und den Vertrauensgrad der Werte von Kernbohrungen bei der Erkundung von Kohlenlagerstätten. — Raswedka i ochrana nedr, H. 6, 1955.

SCHARAPOW, I. P.: Fehler in der Bestimmung der Flözmächtigkeiten durch Bohrungen. — Raswedka i ochrana nedr, H. 8, 1956.

Zeitschrift für angewandte Geologie (1960) Heft 9

Das Keuperprofil an der Struktur Marnitz

ROLAND WIENHOLZ, Gommern

Die Bohrungen Brömsenberg 1 und Lüsewitz 1, über deren Ergebnisse F. SCHUH (1930 und 1933) ausführlich berichtete, trafen Schichten des Keupers an. In Brömsenberg durchteufte die Bohrung unter transgredierendem Alb tieferen Mittelkeuper (km_1) und Unterkeuper; Steinmergelkeuper (km_4) und etwas Rote Wand (km_3), ebenfalls unter der Albtransgression, wurden in Lüsewitz durchsunken. Beides sind also nur Teilprofile. Vom Verfasser wurde 1959 erstmalig zusammengefaßt das in neuen Tiefbohrungen erbohrte vollständige Keuperprofil des westlichen Mecklenburgs skizziert. Eine ausführliche Darstellung des Keuperprofils steht noch aus.

An der Struktur Marnitz, die durch reflexionsseismische Messungen festgestellt wurde (vergl. R. MEINHOLD, 1955/56 und 1957), trafen mehrere Kartierungsbohrungen im zentralen Teil Keuperschichten an. Durch eine Kombination mehrerer dieser Bohrungen (für die folgenden Ausführungen wurden vorwiegend die Ergebnisse der Bohrungen Marnitz 4 und Marnitz 1 verwandt) konnte ein lückenlos mit Kernproben belegtes Keuperprofil gewonnen werden, das hier mitgeteilt werden soll.

Rät

Die Schichtenfolge des Rät an der Struktur Marnitz weicht in ihrer Ausbildung von der sonst allgemein bekannten ab. Zwar ist in groben Zügen eine Dreiteilung der Folge zu erkennen, aber die von W. SCHOTT (1942) gegebene Gliederung nicht mit Sicherheit zu belegen.

Die Abgrenzung gegen das Liegende ist durch die bunten, sandfreien, karbonatischen Tonsteine im höchsten Mittelkeuper gegeben (entsprechend den Angaben von W. SCHOTT, 1942, S. 67). Die Hangendgrenze des Rät ist mittels lithologischer Merkmale nicht zu fixieren. Sie konnte nur mit Hilfe von Megasporen (im Oberrät und Lias α) und Mikrofaunen (im untersten Lias α) belegt werden.

Die Mächtigkeit des Rät in Marnitz beträgt etwa 100 m (Bohrung Marnitz 4 = 101 m). Die Schichtenfolge ist folgendermaßen aufgebaut:

Der etwa 50 m mächtige untere Teil besteht aus grauen, grünlichen und bräunlichen, z. T. fleckigen und geflammten, kalkigen, meist schluffigen Tonsteinen bis Mergelsteinen, die gelegentlich etwas dolomitisch sind. Zwischengelagert sind bräunliche, graue, rötliche und grünliche, oft stark tonige, mürbe Schluff- und Feinsandsteine, die meist einen ± starken Kalkgehalt zeigen. In den schluffigen und sandigen Partien finden sich dünne, stark verunreinigte Kohlelagen, Pflanzenhäckselhorizonte und fast überall Kohleflitter. Etwa 12 m über der Basis wurde in einem bunten dolomitischen Mergelstein ein kleines Bonebed gefunden. Dieser Abschnitt entspricht etwa dem Unterrät.

Die folgenden ca. 20 m mächtigen mürben, weißgrauen bis graubraunen Schluff-, Fein- und Mittelsandsteinlagen mit zwischengeschalteten dunkelgrauen, manchmal schwach ins Bräunliche übergehenden schluffigen Tonsteinen sind etwa dem Mittelrät gleichzusetzen.

Der obere, ungefähr 30 m mächtige Teil wird aus grauen, dunkelolivgrauen, z. T. bräunlichen, meist tonigen und oft kalkigen Schluffsteinen aufgebaut, die in den schwächer kalkigen und kalkfreien Lagen reichlich kohliges Pflanzenmaterial und ca. 1 m unter dem Schichtkopf ein 0,20 m mächtiges, durch Ton verunreinigtes Kohleflöz führen.

Zwischengelagert und z. T. eine enge Wechsellagerung mit den Schluffsteinlagen bildend, treten besonders im tieferen und höheren Teil dieses Abschnitts hellgraue bis olivgraue und manchmal (besonders unten) bräunliche Mergelsteinlagen auf. Spärlich auftretende Oberrätsporen sprechen für eine entsprechende Einstufung dieser Serie.

Mittel- und Unterkeuper

Während die Schichtenfolge des Mittelkeupers sehr den mitteldeutschen Profilen ähnelt und die einzelnen Horizonte gut charakterisiert sind, weicht der Unterkeuper von den bekannten Profilen ab. Die Grenze gegen den Muschelkalk ist noch sicher festzustellen. Sie wurde über einer Wechselfolge von grauen bis hellgrauen, fossilreichen, dichten und harten Kalksteinen und dunkel- bis schwarzgrauen Mergelsteinen mit *Myophoria pesanseris* (v. SCHLOTH.) gezogen. Die Hangendgrenze des Unterkeupers kann, da eine deutliche Grenzdolomitregion fehlt, nicht sicher belegt werden; angegeben wurde sie (siehe unten) dort, wo nach unten hin ein merklicher Dolomitgehalt auftritt.

Die Mächtigkeiten betragen in Marnitz: Mittelkeuper = 334 m; Unterkeuper = 62 m. Das Profil zeigt folgenden Aufbau:

Hangendes: Rät

10 m	Etwas karbonatische Tonsteine, mit grünlichen, violetten, bräunlichen und rötlichen Farben, in denen grau als Grundton fast immer zu erkennen ist. Die einzelnen Farben sind lagig, schlierig, flaserig und wolkig angeordnet. Gelegentlich zeigen die Tonsteine brekziöse Struktur.	Steinmergelkeuper (km_4) — 75 m —
36 m	z. T. dolomitische Mergelsteine, hellgrau bis olivgrau, mit bräunlichen, violetten, rötlichen und grünlichen Schlieren, Flecken und Lagen. Besonders im tieferen Teil sind Aufarbeitungshorizonte (bis ca. 1 m mächtig) und brekziöse Struktur häufig. Etwa 20 m über der Basis tritt ein Horizont mit Fischresten auf.	
0,1 m	Weißer Kalkoolith mit hellgrauen, karbonatischen Tonsteingeröllen (bis ca. 2 cm∅). Die Ooide zeigen deutlich einen schaligen Aufbau und haben einen Durchmesser von ca. 1 mm.	
2 m	Wechsel von grünlichgrauem, dolomitischem Mergelstein und weißem bis mattgrauem Dolomit.	
17 m	Stark tonige, dolomitische Schluffsteine, die z. T. in schluffige, dolomitische Tonsteine übergehen. Die Farben schwanken zwischen grau und olivbraun, meist mit einem Stich ins Grünliche. Glimmerblättchen und kleine aufgearbeitete Schluffstein- und Tonsteinbröckchen sind oft zu finden.	
10 m	Schwach karbonatische und etwas schluffige Tonsteine, rötlichbraun, grünlichgrau, grau und schwach violett gefleckt und geschliert. Im mittleren Teil treten Lagen mit kleinen aufgearbeiteten helleren Tonsteinbrocken auf.	
25 m	z. T. anhydritische und gelegentlich etwas schluffige, glimmerige Tonsteine, vorwiegend rötlichbraun, mit Fasergips (in dünnen Lagen und auf Klüften) und z. T. vergipsten Anhydritknollen und -lagen. In der Umgebung der Gips- bzw. Anhydriteinlagerungen treten grüngraue Farben im Tonstein auf. Ein schwacher Karbonatgehalt ist besonders in den höheren Lagen vorhanden. Ungefähr 11 m unter dem Schichtkopf tritt eine 0,40 m mächtige, stark durch grüngrauen Ton verunreinigte, kompaktere Anhydritlage auf.	Rote Wand (km_3) — 38 m —
1,2 m	Weißer bis mattgrauer, z. T. kalksteinartiger Mergelstein mit dunkleren Tonsteinlagen.	
12 m	Tonsteine wie oben, mit einer stark durch Ton verunreinigten, etwas kompakteren, 0,25 m mächtigen Anhydritbank. Die Tonsteine sind teilweise etwas karbonatisch.	

Schilfsandsteinhorizont (km$_2$) — 55 m —

12,5 m Wechsellagerung von mürbem, tonigem Feinsandstein und Schluffstein mit schluffigem bis feinsandigem Tonstein. Die Mächtigkeiten der einzelnen Lagen schwanken zwischen wenigen cm und 0,50 m. Die Feinsandstein- und Schluffsteinlagen sind glimmerführend und vorwiegend rötlichbraun mit blaßbunten (grau, oliv, lila, violett) Flecken und Flasern.
Die zwischengelagerten Tonsteine haben graue, buntgefleckte und geflaserte Farben; bei stärkerem Gehalt an Schluff bzw. Feinsand geht die Grundfarbe ins Bräunliche über; meistens sind die einzelnen Lagen nicht scharf voneinander getrennt.

17,5 m Mürbe Feinsandsteine mit grauen, z. T. etwas olivenen, z. T. bräunlichen Farben, glimmerreich und gelegentlich tonig. Dünne, meist nur wenige mm mächtige dunkle Tonsteinlagen und -schmitzen sind untergeordnet vorhanden. Vereinzelt treten Kohleflitter und kohliges Pflanzenhäcksel auf. Etwa 6 m und 5 m über der Basis finden sich Geröllhorizonte: in feinsandig-tonigem Bindemittel sind grünliche Tonstein- und gelblichbraune Schluffsteingerölle eingelagert.

7,5 m Bräunliche, lagenweise auch dunkelgraue bis schwarzgraue Tonsteine, mit schluffigen, kohliges Pflanzenhäcksel führenden Lagen. In den Tonsteinen treten einzelne Estherien auf; gelegentlich finden sich Grabspuren von Schlammfressern.
2,5 m über der Basis liegt ein 0,30 m mächtiger Geröllhorizont; im rotbraunen, tonigen Bindemittel liegen dunkelbräunliche bis lilarötliche Tonsteingerölle.

10 m Wechsellagerung von Tonsteinen und mürben Schluff bis Feinsandsteinen. In verschiedenen Lagen sind Grabspuren zu beobachten.
Die Tonsteine, vorwiegend dunkelgrau, im oberen Teil der Schicht auch etwas rotbraun gefärbt, führen gelegentlich Pyritkonkretionen (maximal 2 cm ∅) und reichlich Pflanzenhäcksel; mitunter sind Equisetenreste zu erkennen.
Die oft tonschlierigen und etwas tonigen Schluff- bzw. Feinsandsteinlagen haben vorwiegend graue Farben, sind glimmerreich und führen vereinzelt kohlige Pflanzenreste.
In den unteren 3 m treten zwei 0,10—0,20 m mächtige, stark durch Ton verunreinigte Kohlelagen mit Equisetenresten auf.

7,5 m Vorwiegend dunkelgraue bis schwarze Tonsteine, mit stark kohligen (kohlige Blattreste) Lagen. Schluff und Glimmer treten untergeordnet auf und bedingen lagenweise eine hellere Färbung der Tonsteine; in diesen helleren Tonsteinlagen finden sich einzelne Exemplare von *Estheria laxitexta* SANDB.

Unterer Gipskeuper (km$_1$) — 166 m —

17,5 m Meist graue bis dunkelgraue, z. T. auch rötlichbraune, gelegentlich karbonatische Tonsteine, mit mattgrauen bis hellgrauen dolomitischen Mergelsteinlagen; Brekzienstruktur und Aufarbeitungshorizonte treten wiederholt auf. In den Tonsteinen finden sich vereinzelte Exemplare von *Estheria laxitexta* SANDB. und gelegentlich Fischreste (Schuppen und Zähnchen). Selten ist ein schwacher Glimmergehalt festzustellen. In den unteren 5 m treten vergipste Anhydritknollen und dünne -lagen auf.

23 m Graue bis olivgraue Tonsteine mit rötlichbraunen, bräunlichen, violetten und grünlichen Lagen und Schlieren; Gips bzw. vergipster Anhydrit tritt auf Klüften, in dünnen Lagen und Knollen auf. Der Karbonatgehalt tritt weitestgehend zurück.

6 m Wechsel von z. T. stark tonigem Gips bzw. vergipstem Anhydrit und grauen, z. T. etwas bunten, mit Fasergipsschnüren durchsetzten Tonsteinen. Die Mächtigkeiten der einzelnen Lagen schwanken zwischen 0,20 und 1,20 m.

83 m Tonsteine mit grauen und rötlichbraunen Farben, daneben treten grünliche, olivene, lila, rötliche und violette Färbungen in Form von Lagen, Flecken und Schlieren auf. Dolomitische und kalkige Partien sind vorhanden. Brekzienstruktur und Aufarbeitungshorizonte sind in verschiedenen Niveaus zu finden. Gips bzw. vergipster Anhydrit kommt in dünneren Lagen, Knollen und auf Klüften recht häufig vor.

36,5 m Graue und rötlichbraune Tonsteine, mit grünlichen, rötlichen, lila, violetten, dunkelgrauen und schwarzgrauen Lagen und Flecken. Schluffige und feinsandige Lagen sind eingeschaltet. Etwas hellere, z. T. dolomitische Mergelsteinlagen treten untergeordnet auf. Nur noch selten ist Gips (in Form von Knollen) festzustellen.
Die sandigen und schluffigen Lagen führen meist reichlich Glimmer. In den dunkelgrauen und schwarzgrauen Tonsteinen findet sich Pyrit, z. T. in Form von Fukoiden.
Etwa 6 m und 16,5 m über der Basis liegen deutliche Aufarbeitungshorizonte.
4 m unter dem Schichtkopf wurden in einer schwarzen, ca. 0,30 m mächtigen Tonsteinlage mehrere Exemplare von *Anoplophora lettica* QUENST. festgestellt.

Unterkeuper (ku) — 62 m —

13 m Graue und bräunliche, z. T. etwas grünliche, violette oder rötliche, auch manchmal gefleckte, teilweise dolomitische Tonsteine, oft schluff- und glimmerführend mit zwischengeschalteten hellen Dolomit- und dolomitischen Mergelsteinlagen, in denen gelegentlich schlecht erhaltene Fossilreste auftreten. Dunkle, graue oder rötlichbraune, stark tonige und glimmerige, oft pflanzenführende mürbe Schluff- und Feinsandsteinlagen sind eingeschaltet.

24 m Dunkelgraue und rotbraune, teilweise violett, rötlich, oliv und lila gefleckte und geflasterte, oft etwas dolomitische, seltener schwach schluffige Tonsteine mit einzelnen hellen dolomitischen Mergelsteinlagen.
Ein Horizont mit kleinen Geröllen liegt ca. 1,50 m über der Basis. Unmittelbar an der Basis fanden sich einzelne Exemplare von *Myophoria transversa* BORN.

25 m Dunkelolivgraue, dunkelgrüngraue, dunkelgraue, nur selten etwas rötlichbraune, gelegentlich karbonatische und schluffige Tonsteine mit grünlichgrauen, glimmerigen, selten kalkigen Feinsandsteinlagen. Etwa 10 m über der Basis liegen mehrere Geröllhorizonte. Fast überall sind unbestimmbare Lamellibranchiatenreste und in den sandig-kalkigen Lagen sogar kleine Schillbänke vorhanden. In den unteren Horizonten tritt reichlich kohliges Pflanzenmaterial auf.

Liegendes: Muschelkalk

Literatur

MEINHOLD, R.: Ergebnisse reflexionsseismischer Messungen im Bereiche der geophysikalischen Anomalien der Prignitz. — Wiss. Z. d. Karl-Marx-Univ. Leipzig, 5, Math.-nat. Reihe, H. 4, S. 447—455, Leipzig 1955/56.

— Der Untergrund von Mecklenburg und der Prignitz und die Frage der Pompeckjschen Schwelle. — Ber. geol. Ges. DDR, 2, S. 138—147, Berlin 1957.

SCHOTT, W.: Die Gliederung im nordwestdeutschen Rätbecken. — Ber. Reichsamt Bodenforsch., Jg. 1942, S. 61—77, Wien 1942.

SCHUH, F.: Tiefbohrung Brömsenberg. — Mitt. Meckl. geol. Landesanst., 39, NF 4, S. 75—100, Rostock 1930.

— Die geologischen Ergebnisse von fünf Tiefbohrungen aus den Jahren 1928/29 sowie neue Mitteilungen von drei älteren Tiefbohrungen in Mecklenburg. — Ebenda 41, NF 6, S. 43—104, Rostock 1933.

WICHER, C. A.: Zur mikropaläontologischen Gliederung des nichtmarinen Rät. — Erdöl u. Kohle, 4, S. 755—759, Hamburg 1951.

— Die mikropaläontologische Gliederung des nichtmarinen Keuper. — Ebenda, 10, S. 3—9, Hamburg 1957.

WIENHOLZ, R.: Die Entwicklung Westmecklenburgs vom Keuper bis zur Unterkreide. — Z. angew. Geol., 5, S. 244—249, Berlin 1959.

Schema einer genetischen Systematik der endogenen Erzbildungsprozesse[1]

W. K. TSCHAIKOWSKI, Moskau

Schon lange wurde von verschiedenen Forschern der Gedanke geäußert, daß zwischen magmatogenen Schwermetall-Lagerstätten und bestimmten Magmengesteinen ein Zusammenhang besteht. So wies z. B. S. S. SMIRNOW (1936) darauf hin, daß das Auftreten von Lagerstätten verschiedener Schwermetalle in einem Erzfeld desselben Intrusivkörpers wahrscheinlich das Ergebnis aufeinanderfolgender, verschieden zusammengesetzter Magmenintrusionen ist, mit denen diese Lagerstätten in direkter genetischer Beziehung stehen.

In einer seiner Arbeiten schrieb S. S. SMIRNOW (1936), daß „selbst in relativ engen Gesteinsbereichen einer Granitgruppe die Differentiationsprozesse in Zusammenhang mit der Tektonik zu entscheidenden Unterschieden in der Metallogenie einzelner Derivate führen können ... Und offenbar ist schon lange die Zeit gekommen für eine detailliertere Klassifizierung der Mineralisierungsprodukte, die mit Intrusionen verschiedener Zusammensetzung und verschiedenen Lagerungsbedingungen zusammenhängen".

In den letzten zwanzig Jahren haben sich die Schlußfolgerungen S. S. SMIRNOWs im Transbaikalgebiet und im Fernen Osten mehrfach bestätigt. Auch die umfangreichen geologisch-petrographischen Untersuchungen im Nordosten führten zu analogen Ergebnissen. So wurden im Bereich der Achsenzone der Kolyma-Jana-Tschukotka-Geosynklinale zwei mesozoische Vererzungszyklen festgestellt. Der erste hängt mit der mittel- oder oberjurassischen tektonisch-magmatischen Phase zusammen, die sich durch Bildung einer Gangformation mit durchschnittlich granodioritischer und dioritischer Zusammensetzung auszeichnet. Mit dieser Formation sind die im Nordosten gut bekannten Goldlagerstätten (begleitet von verschiedenen Sulfiden) verknüpft. Der zweite Zyklus, der sich hier in einer ausgedehnten und auch sehr gut bekannten Vererzung mit seltenen Metallen äußert, hängt mit oberkretazischen Intrusionen eines vorwiegend sauren Granitmagmas zusammen. In der Zeit zwischen dem ersten und zweiten Vererzungszyklus läßt sich noch eine unterkretazische Phase eines intrusiven Magmatismus mit normalem, d. h. mittelsaurem, Magma feststellen, mit dem in der Achsenzone der Kolyma-Jana-Tschukotka-Geosynklinale keinerlei merkliche Vererzung in Verbindung zu bringen ist.

Vollkommen analoge Beziehungen zwischen Magmatismus und Vererzung beschreibt B. M. KUPLETSKI (1946) für die variszische Tektogenese an der Ural-Ostflanke.

Wir sprachen bereits von den drei tektonisch-magmatischen Phasen in der Achsenzone der Kolyma-Jana-Tschukotka-Geosynklinale. Betrachtet man jedoch die Erzvorkommen der Geosynklinale insgesamt allein für die Zeit des oberkretazischen Magmatismus, so zeigt sich folgendes: In der Achsenzone der Geosynklinale herrschen leukokrate Granitintrusiva mit der ihnen entsprechenden Vererzung mit seltenen Metallen vor; gegen die Ränder der Geosynklinale werden sie jedoch allmählich von basischeren Granittypen mit schärfer ausgeprägten Zügen einer sulfidischen Mineralisierung ersetzt (Abb. 1).

Es scheint von Interesse, dazu einige Ergebnisse gegenwärtiger Untersuchungen in der Volksrepublik China anzuführen. In einer von WEN GUAN (1958) veröffentlichten Arbeit über die metallogenetische Gliederung von Granitoiden auf Grund von Untersuchungsergebnissen in Ostchina wurden die Daten von 41 chemischen Analysen aus zehn Zinn-, Wolfram-, Molybdän-, Kupfer- und Eisenlagerstätten ausgewertet. Die auf Grund dieser Angaben gezogenen Folgerungen über die genetischen Beziehungen der genannten Metalle zu verschiedenen Granitoidtypen sind in Abb. 4 wiedergegeben. Hier sind auch die Zahlenwerte für die verschiedenen metallführenden Granitoide nach A. N. SAWARIZKI angeführt.

Somit werden die Unterschiede im Vererzungstyp durch die Vorgänge der Magmendifferentiation (und natürlich auch der Tektonik) bestimmt, was im Bereich von Bewegungszonen der Erdkruste besonders deutlich wird. Es ist jedoch gut bekannt, daß sich Mineralisierungsprodukte oder Lagerstättentypen nicht nur von Intrusion zu Intrusion ändern, sondern auch im gleichen Erzfeld, das genetisch mit einem Intrusivkörper in Zusammenhang steht.

Die endogene Erzmineralisierung kann als Teil der im Hof eines Intrusivkörpers ablaufenden kontakt-metamorphen Veränderungen angesehen werden. Deshalb ist eine Erklärung der Zusammenhänge, die zwischen verschiedenen Mineralisierungstypen in Erzfeldern und den diese hervorrufenden Intrusionen bestehen, durch die Untersuchung der Erscheinungen der Kontaktmetamorphose möglich.

Innerhalb eines magmatischen Prozesses wird eine „magmatische" und eine „postmagmatische" Mineralisierung unterschieden. Nach D. S. KORSHINSKI (1953) umfaßt die postmagmatische Mineralisierung das alkalische Frühstadium, das saure Spätstadium und das folgende alkalische Spätstadium.

Die Bildungen des Alkalistadiums entsprechen im allgemeinen in der Zeit und im Charakter der Prozesse dem höchsttemperierten Pegmatit- und Skarnstadium der Mineralisierung.

Die Besonderheiten der Entwicklung von Pegmatiten und Skarnen spiegeln deren unterschiedliche Entstehung wider. Die meisten Geologen sind sich darüber einig, daß Pegmatite die Endprodukte saurer und ultrasaurer Magmen sind, während Skarne mit der Tätigkeit granitoider Magmen verschiedener Zusammensetzung verknüpft sind. Pegmatite sind am häufigsten den axialen oder achsennahen Bereichen von Geosynklinalzonen mit typischen Zügen einer Tiefentektonik zugeordnet; Skarne treten jedoch an deren Rändern (östliches Transbaikalien, Nordosten) auf.

Pegmatite und Skarne unterscheiden sich auch durch die weitere Entwicklungsgeschichte. Während die Pegmatite bei Fortsetzung der Mineralisierung einer Vergreisung bzw. Albitisierung unterliegen und die Vererzung hauptsächlich aus Metalloxyden und Molybdän besteht, unterliegen die Skarne einer Hydratation, Karbonatisierung und Chloritisierung; die Vererzung besteht sowohl aus Oxyden als auch aus Schwer-

[1]) Aus: „Sowjetskaja Geologija", H. 5, 1959. Übers.: H.-J. TESCHKE

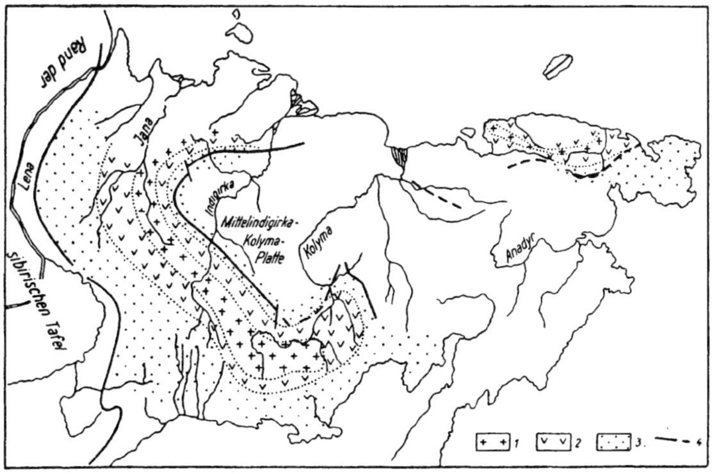

Abb. 1. Karte der Verbreitung postoberjurassischer Mineralisationszonen im Gebiet des Nordostens

1, 2, 3 — Zone mit vorherrschender pegmatitischer und Greisenmineralisation (1), Turmalin- und Quarz-Serizit-Mineralisation (2) und sulfidische Mineralisation (3); 4 — Grenze zwischen Tafel- und Geosynklinalgebieten

metallsulfiden. Treten Skarne und Pegmatite gemeinsam auf, so zeigt es sich nicht selten, daß die Pegmatite in den Skarnen als jüngere Bildungen erhalten sind oder diese teilweise durchsetzen. G. A. IWANKIN und andere Forscher haben diese Erscheinung in Skarnkörpern eines Erzgebietes Chakassiens beobachtet. N. M. USPENSKI fand außer diesen Erscheinungen ebenfalls in ein und demselben Magmenkomplex einen Zusammenhang zwischen Skarnen und fast ausschließlicher Polymetall- und Kupfervererzung sowie zwischen Pegmatiten und Apliten und Wolfram-Molybdänvererzung.

Zahlreiche Beispiele für eine Durchkreuzung von Skarnen und Skarnerzkörpern durch Pegmatite werden von Ch. M. ABDULLAJEW (1957) angeführt. Nach seiner Meinung nehmen die Skarnerzlagerstätten als Bildungen, die den Intrusiva sehr nahestehen und eine genetische Reihe beginnen, in bezug auf Gänge eine bestimmte und vollkommen gesetzmäßige Stellung ein. Postintrusive (Aplite, Pegmatite) und teilweise synintrusive Gänge können offenbar von Skarnen durchsetzt werden und durch eigene oder postmagmatische Lösungen einer Verskarnung ausgesetzt sein.

Somit können nach Meinung zahlreicher Forscher in Skarn- oder kontaktmetasomatischen Lagerstätten Mineralisierungsprodukte anwesend sein, die zwei Phasen eines Granitoidmagmatismus entsprechen. Die erste, frühere Phase zeichnet sich häufig durch eine Eisen-, Polymetall- und Goldvererzung aus und die zweite spätere, die mit sauren Granitoiden zusammenhängt, nicht selten ebenfalls durch eine Vererzung mit seltenen Metallen. Dies läßt sich mit den Vorstellungen eines allmählich ansteigenden Differentiationsniveaus der magmatischen Mineralisierungsquelle gut in Einklang bringen.

Wichtigste metasomatische Prozesse des postmagmatischen sauren Stadiums sind Vergreisung, Turmalinisierung, Verquarzung-Serizitisierung[1]), Propylitisierung, die getrennt betrachtet werden sollten. Die eben genannten Prozesse werden hier in zeitlicher Reihenfolge nach zunehmender Basizität von sauren Graniten bis zu Dioriten und Gabbros aufgezählt.

[1]) Der Terminus „Verquarzung-Serizitisierung" unterstreicht die Einheit des Prozesses, der meist Verquarzung und Serizitisierung in sich vereinigt; analog dazu umfaßt eine Vergreisung Verquarzung und Muskowitisierung.

Die Vergreisung ist offenbar die bekannteste und am deutlichsten ausgebildete metasomatische Umbildung. Sie läßt sich durch eine intensive Alkaliabfuhr zusammen mit einer Verquarzung der Gesteine unter Einwirkung saurer postmagmatischer Lösungen charakterisieren (KORSHINSKI 1953). Haupterzminerale der eigentlichen Greisen sind Kassiterit, Wolframit, Molybdänit. Von den Leichtmetallen sind Beryllium und Lithium charakteristisch.

Die Vorgänge der Turmalinisierung und Vergreisung sind in vielen Beziehungen einander ähnlich. Jedoch findet die Turmalinisierung immer etwas später als die Vergreisung statt, überlagert mit ihren Mineralassoziationen deren Produkte und zeichnet sich durch besondere Verbreitungsformen aus. Gleichzeitig lassen sich Greisengesteine oder vergreiste Gesteine nicht immer durch das Auftreten von Turmalin charakterisieren, und der Turmalinisierung geht nicht immer eine Vergreisung voraus. Interessant ist, daß sich im Nordosten das Verbreitungsgebiet einer überwiegenden Turmalinisierung vom achsennahen Teil, in dem Vergreisung entwickelt ist, zu den Rändern der Geosynklinale etwas verschiebt (Abb. 1). Die räumliche Trennung dieser Felder ist nicht zufällig. In der Literatur sind zahlreiche Hinweise dafür bekannt, daß der Turmalinisierungsprozeß genetisch mit weniger sauren Magmen zusammenhängt als der Vergreisungsvorgang (KORSHINSKI 1953). Auf Grund zahlreicher Beobachtungen im Nordosten läßt sich sagen, daß die Turmalinisierung in monomineralischen Vorkommen keine bedeutende Metallführung zur Folge hat, wenn auch in turmalinreichen Gängen manchmal eine bedeutende Vererzung auftritt. Diese Vererzung hängt jedoch in den meisten Fällen nicht mit dem Turmalinisierungsprozeß zusammen, sondern ist das Ergebnis anderer Phasen postmagmatischer Tätigkeit.

Ein sehr verbreiteter postmagmatischer Prozeß ist die Verquarzung-Serizitisierung. Im Nordosten tritt diese nach der Vergreisung und nach der Turmalinisierung auf, und nur dann, wenn diese beiden Vorgänge fehlen, stellt sie das früheste Stadium der Metasomatose dar.

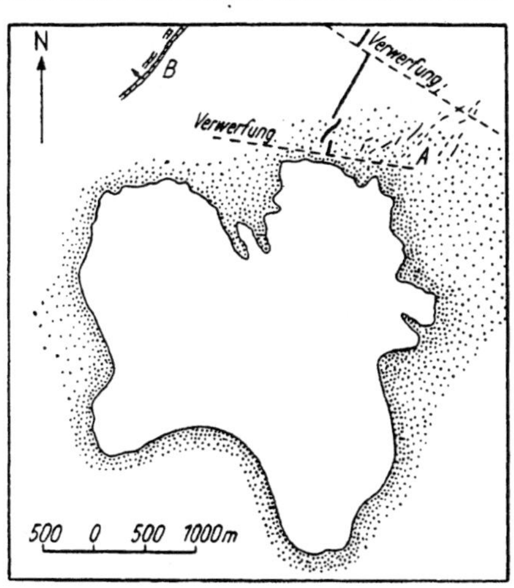

Abb. 2. Die Erzkonzentration des Laso-Granitmassivs

A — Verbreitungsgebiet der Quarz-Turmalin-Gänge, B — Zone der Chlorit-Sulfid-Mineralisation

Der Prozeß der Verquarzung-Serizitisierung äußert sich in recht mannigfaltigen Formen. Das war vielleicht auch der Grund, warum dieser noch nicht sicher in den allgemeinen Rahmen der Kontaktmetamorphose und der Erzbildung eingegliedert werden konnte. Unter hypabyssischen Verhältnissen bei extensiver und mehr oder weniger gleichmäßiger Permeabilität der Gesteine findet eine subregional ausgebildete Quarz-Serizit-Metasomatose statt. Dazu gehören bei intensivem Auftreten postmagmatischer saurer Lösungen solche Gesteine, die in der Literatur nicht ganz richtig die Bezeichnung „sekundäre Quarzite" erhalten haben (LOGINOW 1951). Es ist möglich, daß unter oberflächennahen Verhältnissen oder in intensiven Klüftungszonen bei starker Auslaugung stark poröse Gesteine entstehen, an deren Zusammensetzung vorwiegend Tonminerale (Argillitisierung) beteiligt sind.

Nach N. I. NAKOWNIK (1947) haben sekundäre Quarzite eine deutlich ausgeprägte genetische Beziehung zu sauren Gesteinen und zu Prozessen eines vorwiegend auf die Oberfläche beschränkten Vulkanismus. Charakteristisch für diese Gesteine ist ein bestimmter Mineralkomplex: Quarz-Serizit, Alunit, Kaolinit, Andalusit, Diaspor, Pyrophyllit als Hauptminerale und Korund, Dumortierit, Topas, Zunyit, Turmalin als sekundäre Minerale. Die Minerale gruppieren sich zu Fazieseinheiten und werden in einer bestimmten Reihenfolge ausgeschieden, die örtlich zu einer deutlichen Zonalität führt.

Aus der genannten Arbeit N. I. NAKOWNIKs ergibt sich:

1) Sekundäre Quarzite entstehen dadurch, daß sich nacheinander abgespaltene Lösungen, deren Quelle im Laufe der Zeit immer basischer wird, ausscheiden werden und auf die Nebengesteine einwirken.

2) Die uns interessierende Quarz-Serizitfazies der sekundären Quarzite hängt genetisch mit mittelsauren Gesteinen zusammen. Sie wird örtlich von einer Polymetall-Molybdän- und Gold-Silber-Vererzung begleitet.

3) Die Quarz-Serizitfazies der sekundären Quarzite erinnert an beresitisierte Gesteine; sie stellt einen weit verbreiteten Typ gangnaher Veränderungen dar.

Der zeitlich und im Grad der Aktivität der Lösungen folgende Typ postmagmatischer Tätigkeit ist offenbar die Propylitisierung. Dieser Prozeß hängt mit der Einwirkung von Lösungen wesentlich geringerer Auslaugungsfähigkeit zusammen. Den Grund für die geringere Aktivität oder für die geringere „Azidität" der propylitisierenden Lösungen sieht D. S. KORSHINSKI (1953) darin, daß sie „nicht aus Granitmagmen, wie bei Bildung sekundärer Quarzite, sondern vorwiegend aus basischeren, etwa granodioritischen Magmen ausgeschieden werden".

Propylitisierte Gesteine werden von Quarz- und Quarz-Epidotgängen durchsetzt, die Erzminerale, insbesondere Chalkopyrit, enthalten und manchmal industrielle Bedeutung erlangen. Ein Teil dieser Minerale bildete sich während der Propylitisierung, ein anderer Teil später. Die späteren Quarzgänge tragen häufig eine reiche Gold-Silber-Vererzung.

Vergreisung, Verquarzung-Serizitisierung und Propylitisierung treten nach D. S. KORSHINSKI als Ergebnis einer subregional verbreiteten Kontaktmetasomatose auf. Jedoch ist kaum zu bestreiten, daß analoge Komplexe einer metasomatischen Mineralisation in gangnahen Veränderungen, die unmittelbar mit einer analogen Vererzung zusammenhängen, zu beobachten sind. Dabei ist diese Vererzung, wie bereits gesagt, Teil einer kontaktmetasomatischen Mineralisierung.

Tatsächlich sind neben den räumlich verbreiteten Greisen auch ähnlich zusammengesetzte gangnahe Greisen gut bekannt. Als Analoga einer subregionalen Turmalinisierung, Verquarzung und Serizitisierung erscheinen die gleichen Veränderungen an gangnahen Gesteinen.

Die Erscheinungsformen der beiden genannten Gruppen einer Metasomatose (räumlich und linear) lassen sich auf verschiedene tektonische Strukturtypen, die eine Verteilung der Mineralisatoren und Entwicklung der metasomatischen Prozesse begünstigen, zurückführen. Unter bestimmten Verhältnissen tritt eine Feinklüftung auf, die bei ausreichend hohen Temperaturen eine räumliche und gleichmäßige Verteilung der Metasomatose hervorruft; unter anderen Verhältnissen entsteht eine gröbere Klüftung — Brüche und Spalten —, die eine Konzentration der Metasomatose in bestimmten linearen Richtungen begünstigt.

Auf Grund der großen mineralogischen und chemischen Ähnlichkeit eines bestimmten Typs der subregionalen und gangnahen Mineralisation ist die Behauptung zulässig, daß als Bildungsquelle analog zusammengesetzte Lösungen und folglich deren magmatische Quellen in Frage kommen. Diese Schlußfolgerung ist sehr wichtig. Wenn die subregionale Metasomatose in vielen Fällen einen unmittelbar zu beobachtenden Hinweis auf den Grad der „Azidität" oder „Basizität" der Quelle der postmagmatischen Mineralisierung gibt, so zeigen die gangnahen Veränderungen, die innerhalb eines Erzgebietes zu beobachten sind und von einer Reihe nacheinander sich ablösender Mineralisierungstypen vertreten werden, daß diese Lösungen nicht konstant bleiben. Die Veränderungen der gangnahen Mineralisierung sind völlig gesetzmäßig, und wenn die dargelegten Vorstellungen vom Magma und von der Kontaktmetasomatose richtig sind, dann ist der Charakter dieser Veränderungen gleichbleibend und zeugt eindeutig für einen Wechsel der magmatischen Quellen in Richtung auf eine zunehmende Basizität.

Das vom Verf. (1940—41) bei der Untersuchung der Metallogenie des Jana-Adytscha-Beckens (Nordosten) gewonnene umfangreiche Tatsachenmaterial zeigt, daß die Ausgangsintrusion nicht nur in der Lage ist, erzliefernde Lösungen zu erzeugen, sondern auch die Gesteinsklüftung zu vergrößern, durch die Lösungen in die oberen Schichten der Lithosphäre aufsteigen können. Die erzführenden Klüfte entwickeln sich als Folge einer sich periodisch erneuernden tektonischen Aktivität in der Regel vom zentralen Teil des Intrusionsfeldes in Richtung auf die Peripherie. Im Zuge dieser räumlichen Verschiebung erfolgt eine qualitative Entwicklung der Kluftdeformation, indem Ausweitungsklüfte im Gewölbescheitel eines Intrusionsgebietes an der Peripherie von Scherklüften abgelöst werden. Gegenseitige Anordnung, qualitative Charakteristik der Klüfte sowie ihre Wachstumsrichtung stehen in vollem Einklang mit den Vorstellungen über Zeit und Ort der Kluftfüllung mit Erzmaterial, das sich aus einer Lösung mit sich ändernder Zusammensetzung ausscheidet. Analoge Vermutungen hat A. W. KOROLEW (1949) ausgesprochen und bezeichnet die genannte Mineralisationsabfolge als „zentrifugal".

Ein ausgezeichnetes Beispiel für die gesetzmäßige Anordnung verschieden gearteter Klüfte und für die Vererzung um einen komplizierten leukokraten Granitoidintrusivkörper liefern einige Erzgebiete in Ostchina. Eines davon ist das Erzgebiet von Laso, das an eine saure Granitoidintrusion geknüpft ist. Hier sind Greisen-Erzvorkommen sowie Quarz- und Quarz-Turmalin-Körper in Form dünner Schmitzen an die eigentliche Kuppel des Massivs gebunden. Das Verbreitungsgebiet wird durch den Kontakt des Massivs mit den Nebengesteinen begrenzt (Abb. 2). Im inneren Teil der äußeren Kontaktzone liegen zahlreiche durch Ausweitung entstandene Gangspalten mit einer deutlich ausgeprägten Turmalinmineralisierung. Ganz außen, d. h. fast in der Zone der nichtmetamorphosierten Sedimentgesteine, häufen sich große Scherungszonen, die sich durch eine Chlorit-Sulfid-Mineralisierung auszeichnen.

Nach I. J. NEKRASSOW werden in einem Gebiet des Äußersten Nordens mit zunehmender Entfernung vom Zentrum zur Peripherie eines Erzgebietes zinnführende Turmalin- und Quarz-Sulfid-Erzkörper zunächst von Chlorit-Quarz-Sulfid-Körpern, dann von Sulfiderzkörpern bei abnehmendem Zinngehalt mit ständig zunehmendem Gehalt an Blei und Zink abgelöst. Am Rande des Erzgebietes wurden einige interessante Bleierzvorkommen entdeckt. Diese Zonalität erklärt I. J. NEKRASSOW durch eine fortschreitende Spaltenentwicklung vom Zentrum zur Peripherie des Erzfeldes und durch den aus mehreren Stadien bestehenden Prozeß der Füllung durch Erzminerale. Die später gebildeten, d. h. die vom Zentrum des Erzfeldes am weitesten entfernten, Spalten wurden mit Material gefüllt, das sich aus späteren Lösungen abgeschieden hat. Es ließen sich noch viele Beispiele anführen. Wir wollen uns jedoch auf die Betrachtung des Schemas im Westwerchojansker Erzbezirk beschränken, das in einer Arbeit von S. S. SMIRNOW (1934) enthalten ist und diese Gesetzmäßigkeiten erläutert (Abb. 3).

S. S. SMIRNOW hebt hervor, daß „sich die hochtemperierten Molybdän- und Kupfer-Zink-Lagerstätten innerhalb des eigentlichen Hornfelsgebietes gruppieren, während die Polymetall-Lagerstätten wesentlich weiter entfernt liegen“. Natürlich wäre eine derartige Gesetzmäßigkeit unverständlich, wenn kein direkter genetischer Zusammenhang zwischen den beschriebenen Klüften und den Erzvorkommen mit bestimmten Intrusiva, sondern nur ein beliebiger indirekter oder paragenetischer Zusammenhang bestünde.

Mineralisierungshöfe zeigen sich nicht immer in vollständiger Entwicklung. In Abhängigkeit von der Klufttektonik sind Vorkommen z. B. von Sulfidzonen auch in den zentralen Bereichen einer Intrusion möglich. Niemals sind jedoch Höfe zu beobachten, in denen Kluftbildung und Mineralisierung der gleichen Vererzungsetappe an den Rändern eines Intrusionsfeldes entstehen und dann gegen den zentralen Teil wandern.

Somit wird eine bestimmte Differentiation der im Laufe eines einheitlichen Vererzungsprozesses in einem Intrusionsfeld entstehenden Kluftstrukturen sichtbar. Die Verteilung der mit Kluftstrukturen zusammenhängenden metasomatischen Bildungen und Gangbildungen sind gleichsam ein räumliches Spiegelbild des in einem Intrusionsfeld im Laufe der Zeit stattfindenden Wechsels der mineralisierenden Agentien. Aber dieser Wechsel (im Laufe einer magmatischen Phase) entwickelt sich stets so, als zeichneten sich die entsprechenden Mineralisierungsquellen in ein und demselben Intrusionsherd durch eine allgemein zunehmende Basizität des Magmas aus.

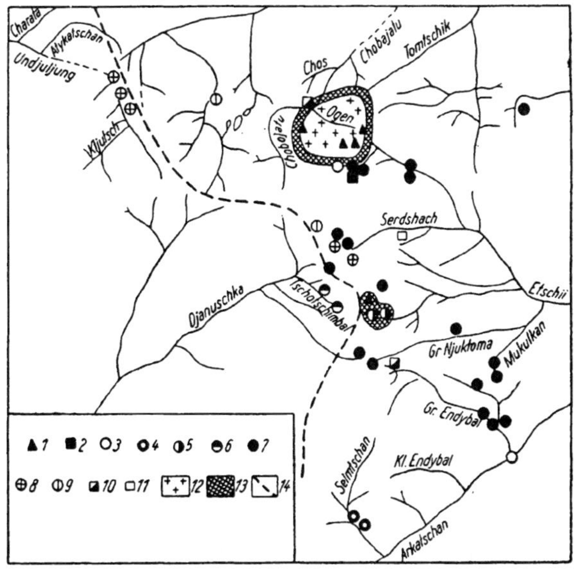

Abb. 3. Die Erzlagerstätten des Westwerchojansker Gebirges

1 — Molybdän, 2 — Zinn, 3 — Arsen, 4 — Kupfer-Arsen, 5 — Kupfer-Zink, 6 — Arsen-Polymetalle, 7 — Polymetalle, 8 — Pyrit, 9 — Kupfer, 10 — Polymetallerzgerölle, 11 — permische Sandsteine und Schiefer, 12 — Granit, 13 — Kontakthornfelse (sulfidisiert), 14 — Linie der Hauptwasserscheide

Ein noch besserer Hinweis für die zunehmende Basizität der magmatischen Mineralisierungsquelle ist die zeitliche Ablösung saurer Eruptivgangbildungen durch immer basischere, die sich, wie angenommen wird, in verhältnismäßig tiefen Horizonten abspalten.

In der Lagerstättengeologie ist bekannt, daß die Bildung leukokrater Gänge gewöhnlich einer Gangvererzung mit für saure Magmen charakteristischen Metallen vorangeht, wobei beide magmatische Vorgänge zeitlich sehr dicht beieinander liegen. Analoge Beziehungen zwischen entsprechenden Vorkommen auch in intermediären Magmen wurden mehrmals beobachtet (Primorje, Nordosten). Interessant ist, daß diese Analogie nicht nur zeitlich, sondern auch räumlich auftritt, da im Laufe der Zeit Erz- und Gangkörper die Tendenz zeigen, sich gegen die Ränder des Intrusivfeldes zu verschieben.

Ein solches Beispiel stellt das Intrusionsgebiet Arga-Ynnachchaiskoje (Nordosten) mit seinen zugeordneten Gängen und Vererzungen dar. In diesem Gebiet wird folgender räumlicher und zweifellos auch zeitlicher Wechsel der Mineralisierungstypen sichtbar: Innerhalb der Intrusivgesteine (Pegmatite und Greisen) tritt in den Exokontakt-Hornfelsen der Kassiterit-Quarztyp und der Quarz-Turmalin-Typ auf, in der äußeren Zone des Exokontaktes der sulfidische Typ.

Die Zusammensetzung der Gänge wechselt ebenfalls von leukokrat in den zentralen Bereichen des Intrusivgebietes zu mesokrat an den Rändern.

M. B. BORODAJEWSKAJA (1955) schreibt hierzu: „Es scheint so zu sein, daß sie in verschiedenen Tiefenlagen abgespaltene Bildungen charakterisieren. Die Pegmatit-Granitserie der Ganggesteine stellt anscheinend eine Abspaltung relativ nahe gelegener Teile der erkaltenden Intrusion dar, da die verschiedenartigen Porphyrite aus tieferen Teilen dieser Intrusion kamen.“ W. S. KOPTEW-DWORNIKOW (1952) bemerkt für Kasachstan: „Wenn die Ganggesteine des ersten Typs (Aplite, aplitartige Granite) räumlich in Beziehung zu den eigentlichen Intrusivkörpern stehen, so stammen die Ganggesteine der zweiten Etappe (Granitporphyre, Dioritporphyrite, Gabbrodiabase, Gabbroporphyrite und Lamprophyre) wahrscheinlich aus tieferen intrakrustalen magmatischen Quellen, wie durch die beträchtliche Entfernung der Gesteine von den Intrusionen bewiesen wird."

Erzführende Quarzgänge mit Gold und sulfidischer Polymetallvererzung schließen die Gangserie der zweiten Etappe der granodioritischen Intrusionen ab. Für die Intrusionen Sibiriens entspricht diesem Augenblick die Bildung sulfidischer Lagerstätten und Lagerstätten seltener Metalle mit Kassiterit oder Wolframit (d.h. Lagerstätten, die für die äußere Exokontaktzone charakteristisch sind).

Es scheint ohne Zweifel, daß die beobachteten Zusammenhänge zwischen Gängen und Vererzung durch eine allgemeine Ursache — die Einheit einer sich kontinuierlich differenzierenden Magmenquelle — bedingt sind. Die Weiterentwicklung der Klüfte in die Tiefe, die allgemeine Intensivierung der Bruchdeformationen und die sich ändernde Zusammensetzung der Erzvorkommen in ein und demselben Intrusivgebiet ist als direkte Folge eines kontinuierlichen Absinkens der ständig aktiven Quelle der Kluftbildung und Mineralisierung anzusehen, die nach der Tiefe zu eine immer basischere Zusammensetzung annimmt. Es scheint, daß gerade in dieser Richtung eine Bestätigung der von S. S. SMIRNOW ausgesprochenen Vermutung über einen Zusammenhang zwischen verstärkter Kluftbildung in einem Erzgebiet und dem sich abkühlenden Intrusivkörper zu suchen ist. S. S. SMIRNOW (1937) schrieb dazu: „Vielleicht hängt das Wiedereinsetzen der Bildung von Klüften, die neue Wege für neue Lösungen öffnen, gerade mit einer weiteren Evolution des erkaltenden Intrusivkörpers zusammen."

Somit ergeben sich zwei gleichsam entgegengesetzte Richtungen in der Entwicklung der Mineralisation. Die eine entspricht der zu Beginn dieses Aufsatzes genannten Vermutung S. S. SMIRNOWS, daß Erzvorkommen verschiedener Schwermetalle im gleichen Intrusivgebiet als Ergebnis aufeinanderfolgender Intrusionen und postintrusiver Magmentätigkeit entstehen, wobei die Magmen im Laufe der Zeit immer saurer werden. Das ist offensichtlich dann der Fall, wenn sich große Störungen zwischen Injektionen bilden, die zu einer beliebigen komplizierten Intrusion ein und desselben magmentektonischen Zyklus gehören, der von einer längeren Periode relativer Ruhe getrennt wird.

Kaum weniger häufig sind jedoch auch Fälle zu beobachten, bei denen die Entwicklung des Vererzungsvorganges von Stadium zu Stadium in umgekehrter Richtung abläuft. Diese Erscheinungen entwickeln sich im Laufe jeder einzelnen Magmenphase. Sie sind allen Geologen bekannt und können in Erzgebieten und Lagerstätten leicht beobachtet werden, in denen sich die Mineralisation von Typen, die für saure Magmen charakteristisch sind, zu Vorkommen intermediärer Magmen in bekannter Abhängigkeit von der Entwicklung der Klüftung im Intrusionsgebiet fortentwickelt.

Als Bestätigung des über die beiden Entwicklungsrichtungen der Mineralisation Gesagten führen wir Auszüge aus der Arbeit O. W. OELSNERS (1951) an, die nach Untersuchungsergebnissen von 18 Bezirken des Erzgebirges zusammengestellt wurde. Nach O. W. OELSNER treten in allen Bezirken Mineralparagenesen auf, die stets in gleicher Anordnung aufeinanderfolgen. Unterschiede erklärt er durch Beziehungen mit verschiedenphasigen variszischen — sudetischen, asturischen und saalischen — Graniten. Nur die jüngsten variszischen Magmen zeichnen sich durch einen hohen Gehalt an Zinn, Wolfram, Wismut aus, bei den älteren herrschen Kobalt und Nickel vor. Das ist ein Entwicklungsweg von Mineralparagenesen, die sich in Richtung auf eine Anreicherung von Elementen immer saurerer granitoidischer Magmen im Verlaufe einer von Phase zu Phase fortschreitenden Magmendifferentiation ändern.

Im gleichen Aufsatz weist O. W. OELSNER auf einen anderen Entwicklungsweg der Vererzung hin: „In der Nähe der Plutone beginnen die Paragenesen mit pegmatitisch-pneumatolytischen Zinnstein- bzw. Wolframit-Paragenesen. Überall danach ist eine hochthermale Blei-Zink-Kupfer-Abfolge zu beobachten. Nach einer Zwischenpause tritt überall SiO_2-Gel mit Hämatit und Baryt bzw. Flußspat auf. Es folgen, allerdings nur lokal von größerer Bedeutung, Karbonate mit Silber-Antimon-Verbindungen, dann mit barytischer Gangart, Blei- (nur in Freiberg von Bedeutung) und Silbererze, Kobalt-Nickel-Paragenesen mit Quarz, darauf wieder Silber-Antimon-Arsen-Erze mit Karbonaten."

Auf Grund des dargelegten Materials läßt sich ein bestimmtes Urteil über die Entwicklung postmagmatischer Prozesse bilden. Ein und dieselbe Granitoidintrusion stellt in der Regel einen in Zusammensetzung und Aufbau komplizierten magmatischen Komplex dar, dessen einzelne Teile unter günstigen Bedingungen in ein und derselben magmatischen Phase zu Quellen mineralisierender Lösungen werden können; dabei wird die Zusammensetzung dieser Quellen im Laufe der Zeit basischer. Der Übergang von den oberen „sauren" zu den unteren „basischeren" Horizonten der erkaltenden Intrusion prägt sich in der zonalen Anordnung der verschiedenen Mineralisationstypen und in der verschiedenen Zusammensetzung der Gänge in einem Intrusions- oder Erzgebiet aus. Die vom Zentrum nach außen gesetzmäßig sich entwickelnden Spalten schaffen im Intrusionsgebiet einen Raum, in den ebenso gesetzmäßig die sich entwickelnden Erzlösungen in der dargelegten Reihenfolge eindringen. Diese Abfolge zeugt davon, daß mit Erkalten des Intrusivkörpers und mit einer wahrscheinlichen Absenkung der aktiven Horizonte des sich differenzierenden Magmenherdes die Zusammensetzung der erzliefernden magmatischen Schmelzen in ein und demselben Erzfeld immer basischer wird, unabhängig oder fast unabhängig von der Zusammensetzung der Nebengesteine.

J. A. KUSNEZOW (1955) bemerkt dazu: „Der Mechanismus dieser Differentiation ist noch nicht vollkommen klar, jedoch ist die Möglichkeit nicht ausgeschlossen, daß hier eine Aufspaltung der magmatischen Lösung nach dem spezifischen Gewicht analog der Aufspaltung wäßriger Salzlösungen, wie sie A. M. KUSMIN in seinen Versuchen festgestellt hat, erfolgt."

Hier muß besonders unterstrichen werden, daß nicht daran gedacht ist, die seinerzeit von S. S. SMIRNOW, J. A. BILIBIN und F. K. SCHIPULIN nachgewiesenen paragenetischen Beziehungen zwischen Intrusionen und Vererzung vollkommen zu bestreiten. Diese Zusammenhänge bestehen wahrscheinlich und werden von den Geologen für eine Reihe von Erzvorkommen bestätigt. Wir wenden uns jedoch entschieden gegen eine scharfe Grenze in Form eines Sprunges zwischen Metallen, die mit bestimmten Intrusivkörpern zusammenhängen, und Metallen, die gleichsam eine irgendwie andere „subkrustale" Entstehung haben. Vielleicht muß die „Paragenese" von Blei-, Zink- und Goldlagerstätten als Folge einer potentiellen Fähigkeit der entsprechenden Erzlösungen angesehen werden, über größere Entfernungen von der Ausgangsquelle weg zu wandern, wie es vergleichsweise solche Lösungen können, die Zinn- oder Wolframmetalle enthalten.

Wir haben versucht, das bisher Dargelegte in Form einer Tabelle zusammenzustellen, die in schematischer Form die Beziehungen zwischen Magmenzusammensetzung und Vererzung zeigt. Es muß jedoch der Vorbehalt gemacht werden, daß diese Tabelle nur einige, für entsprechende Magmenzusammensetzungen besonders typische Durchschnittskennwerte der Vererzung und Mineralisierung wiedergibt.

Die in der Tabelle unterschiedenen genetischen Mineralisationsetappen sind die üblichen. Sie gründen sich hauptsächlich auf die Entfernung der postmagmatischen Lösungen von der Magmenquelle.

Skarnlagerstätten wurden in der Tabelle nicht ausgeschieden. In ihrer Vererzung sind stets Züge der obenbeschriebenen Stadien eines Prozesses zu finden, wenn man die durch die Zusammensetzung der Nebengesteine bedingten Besonderheiten berücksichtigt.

Die Stadien der von granitoidischen Magmen abhängigen Vererzung sind in der Tabelle in der Reihenfolge angegeben, in der sie sich im Laufe einer Magmenphase von den frühen Mineralisationsetappen bis zu den späten entwickeln. In einem beliebigen Erzgebiet kann eine beliebige Mineralisationsetappe fehlen, die allgemeine Entwicklungsrichtung bleibt aber immer erhalten.

Sog. teleskopierte Lagerstätten stellen den Extremfall für die „Reduktion" eines Erzgebietes dar, da eine Reihe von Mineralisationsstadien in der angegebenen Entwicklungsabfolge im Verlaufe einer kontinuierlichen Etappe auftritt.

Aus der Tabelle ist ersichtlich, daß sich Metallkombinationen und ihre quantitativen Beziehungen in jeder Mineralisationsetappe gesetzmäßig ändern. Diese Gesetzmäßigkeit ist bei der Prospektion von Erzlagerstätten und bei Klärung der Metallogenese sehr wichtig.

Zinn ist ebenso wie Wolfram Typusmetall einer mit sauren Magmen zusammenhängenden „leukokraten" Mineralisation, die selten oder sehr selten in späteren (in der Tabelle den letzten) Stadien des Prozesses anzutreffen ist. Molybdän hat genetisch Ähnlichkeit mit Zinn und Wolfram. Infolge seiner großen Verwandtschaft mit Schwefel sind jedoch bestimmte chalkophile Tendenzen festzustellen. Quelle der Molybdänführung sind sowohl saure als auch intermediäre Magmen.

Die meisten Geologen, unter ihnen A. E. FERSMAN, S. S. SMIRNOW, J. A. BILIBIN, setzen Gold mit dem Auftreten einer dioritischen Mineralisation in Verbindung, obwohl einige Forscher einräumen, daß es auch in Zusammenhang mit der Tätigkeit saurerer Magmen auftreten kann. Wie bei jeder Typisierung entgeht man selbstverständlich auch hier nicht einer „Mittelung" des Tatsachenmaterials. Ein anschauliches Beispiel sind die genannten Vererzungsdiagramme des chinesischen Geologen WEN GUAN (Abb. 4).

Aus der Tabelle ist ersichtlich, daß das eisenarme Greisenstadium der Mineralisation von dem eisenreichen Turmalinstadium abgelöst wird, dem das fast „eisenfreie" Quarz-Serizit-Stadium, danach das eisenreiche Sulfidstadium (hauptsächlich Pyrit) usw. folgen. Die genannten Schwankungen sind rhythmisch und sind zweifellos der Ausdruck für entsprechende Veränderungen in der Zusammensetzung des erzliefernden Herdes.

Es darf nicht vergessen werden, daß der Begriff genetische Mineralisationsetappe nicht gleichbedeutend ist mit dem Begriff Lagerstättentyp. Eine Lagerstätte umfaßt gewöhnlich mehrere Mineralisationsstadien und -etappen, die sich in der Reihenfolge, wie sie in der Tabelle angegeben ist, überlagern. Die wichtigsten Etappen oder Stadien sind für eine gegebene Lagerstätte bestimmend.

Schlußfolgerungen

1. Einer magmatischen metallführenden Schmelze mit bestimmter chemischer Zusammensetzung und verschiedener Herkunft entspricht in chemischer Beziehung ein bestimmter Vererzungstyp, unabhängig von den äußeren Bedingungen der Mineralisation. Diese Schlußfolgerung bestätigt die bekannte Vermutung S. S. SMIRNOWs über die Abhängigkeit der Lagerstättentypen von der Zusammensetzung der erzliefernden Magmen.

2. Die Erzbildung ist ein Vorgang, der aus einem Zyklus sich gesetzmäßig ablösender Mineralisationsstadien besteht, deren Entwicklung mit der Differentiation der magmatischen Quelle der Erzlösungen und dem Prozeß der Kluftbildung parallel geht. In einem Intrusionsfeld sind drei Typen einer sich parallel entwickelnden Zonalität zu beobachten: Kluft-, Erz- und Magmenzonalität.

3. Der in einer magmatischen Phase einmal begonnene Prozeß kann nur in einer Richtung verlaufen. Bei granitoidischen Magmen verläuft er in Richtung einer allmählich zunehmenden Basizität der tätigen Mineralisationsquellen ein und desselben Magmenherdes.

4. Der zeitliche Wechsel der beschriebenen Mineralisationsstadien entspricht einer bestimmten Verlagerung der erzliefernden Herde von den oberen Horizonten einer Intrusion oder eines Intrusionskomplexes zu den unteren, von saureren Magmen zu mehr basischen.

5. Innerhalb des Mineralisationsprozesses ist eine Abfolge in der Mineralbildung zu beobachten. Sie verläuft

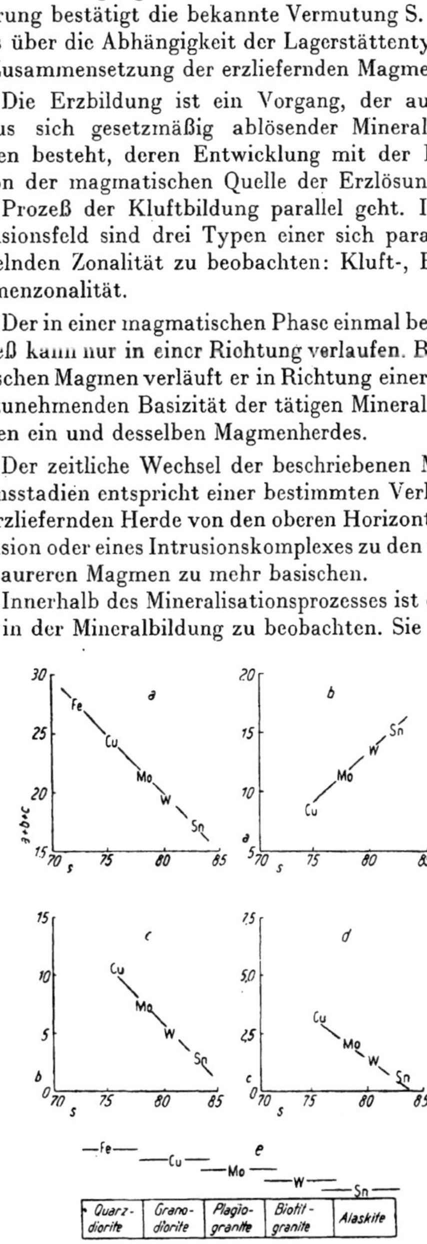

Abb. 4. Schematische Darstellung der Zusammenhänge zwischen Erzlagerstätten mit verschieden zusammengesetzten Granitoidintrusionen Ostchinas (nach WEN-GUAN)

Systematik der mit sauren und intermediären Magmen zusammenhängenden Mineralisationsstadien

Chemischer Charakter des Magmas	Genetische Mineralisationsetappe	Stadium der Mineralisation	Gangnahe Veränderungen	Wahrscheinliche Hauptagentien der Mineralisation	Intensität der Entwicklung einiger wichtiger Metalle				Vermuteter Grad der Magmendifferentiation	Stellung der Gangkörper zur Intrusion	Typische Form der Erzkörper
					Zinn	Molybdän	Polymetalle	Gold			
sauer	pegmatitisch	aplit-pegmatitisch	Granitisierung, gewöhnlich durch spätere Veränderungen überlagert	Alkalischer Magmenrest	++	–	–	–	sehr saure Granite	veränderlich	unregelmäßige plattenförmige Körper
sauer	pneumatolytisch	Greisen-Quarz (quarz-kassiteritisch)	Muskowitisierung, Verquarzung, Vergreisung	H_2O, Fluor, Chlor	++	++	–	–	sehr saure und saure Granite	Kuppel und Dach einer Intrusion	Stockwerk, parallele Schmitzensysteme
sauer	pneumatolytisch-hydrothermal	Turmalin	Turmalinisierung, Chloritisierung	H_2O, Bor, Kohlensäure	+	–	–	–	mittelsaure Granite	Endo- und Exokontaktzonen granitoidischer Intrusionen, seltener Kuppelbereiche	parallele Schmitzensysteme, Gangnester, sehr seltene einzelne Körper
sauer		quarz-serizitisch	Verquarzung, Serizitisierung, Kaolinisierung, Chloritisierung, Albitisierung Karbonatisierung (Berisitisierung),	H_2O, Fluor, Kohlensäure, Schwefel, Arsen	++++	++++	++	+			
intermediär	hydrothermal-hochtemperiert	sulfidisch	Sulfidisierung, Chloritisierung, Karbonatisierung	H_2O, Schwefel, Kohlensäure	+	++	+++	+	Granodiorite	innere Zonen des Exokontaktes	wie oben und einzelne mineralisierte Zerrüttungszonen in den äußeren Zonen des Exokontaktes
intermediär	hydrothermal-mitteltemperiert	karbonatisch, polymetallisch (spätsulfidisch)	Karbonatisierung, Chloritisierung, Sulfidisierung (Propylitisierung)	H_2O, Kohlensäure, Schwefel	–	+	++++	++	Quarzdiorite	äußere Zonen des Exokontaktes	einzelne Gänge in den äußeren Zonen des Exokontaktes
intermediär	hydrothermal-niedrigtemperiert	Gold-Quarz	Hornfelsbildung, Alunitisierung	H_2O Kohlen-, säure, Schwefel	–	+	+	++++	Diorite und Gabbrodiorite	Quelle der Metallführung wird häufig nur angenommen	Morphologie der Erzkörper eng verknüpft mit regionalen Strukturen

von solchen Mineralen, in denen petrogene Elemente (Kieselsäure, Kalzium) angereichert sind, zu solchen, in denen metallogene Elemente (Eisen, Kupfer, Blei usw.) vorherrschen.

Zusammenfassung

Verf. schildert die Systematik der mit sauren und intermediären Magmen zusammenhängenden Mineralisationsstadien. Die Erzbildung wird dabei als zyklischer Prozeß sich gesetzmäßig ablösender Mineralisationsstadien erkannt. Sie geht mit der Differentiation des Magmas als Quelle der Erzlösungen und dem Prozeß der Kluftbildung parallel.

Резюме

Автор описывает систематику стадий минерализации, которые связаны с кислыми и промежуточными магмами. Рудообразование при этом рассматривается как циклический процесс с закономерной последовательностью стадий минерализации. Рудообразование происходит одновременно с дифференциацей магмы, ,как источник рудных растворов, и процессом образования трещин.

Summary

The author describes the systematization of mineralization stages connected with acid and intermediary magma. Ore formation is recognized as a cyclic process of regularly alternating stages of mineralization, running on parallel lines with magma differentiation as a source of ore solutions and the process of joint formation.

Literatur

ABDULLAJEW, CH. M.: Gänge und Vererzung. – Gosgeoltechisdat 1957.

BORODAJEWSKAJA, M. B.: Einige Fragen zur Geologie, Petrogenese und Metallogenie kleiner Intrusionen der späteren Entwicklungsetappen eines tektonisch-magmatischen Zyklus. – In: Sammelband „Magmatismus und Beziehungen zu nutzbaren Bodenschätzen", Verlag Akad. Wiss. UdSSR, 1955.

BUDDINGTON, A. F.: Councident variations of types of mineralization and of Coast Range intrusives. – Econ. Geol., vol. 22, 1927.

KOPTEW-DWORNIKOW, W. S.: Zur Frage einiger Gesetzmäßigkeiten bei der Bildung intrusiver Granitoidkomplexe. – Nachrichten Akad. Wiss. UdSSR, geol. Serie, Nr. 4, 1952.

KOROLEW, A. W.: Die Abhängigkeit der zonalen Vererzung von der strukturellen Entwicklungsfolge von Erzlagerstätten. – Nachrichten Akad. Wiss. UdSSR, geol. Serie, Nr. 1, 1949.

KORSHINSKI, D. S.: Abriß der metasomatischen Prozesse. Die Grundprobleme beim Studium magmatogener Erzlagerstätten. – Verlag der Akad. Wiss. UdSSR, 1953.

KUPLETSKI, B. M.: Die Granitintrusionen der Ostflanke des mittleren Urals. – In: „Fragen der Mineralogie, Geochemie und Petrographie", Verlag Akad. Wiss. UdSSR, 1946.

KUSNEZOW, J. A.: Die Entstehung der Magmengesteine. – In: Sammelband „Magmatismus und Beziehungen zu nutzbaren Bodenschätzen", Verlag Akad. Wiss. UdSSR, 1955.
LOGINOW, W. P.: Die Alumosilizite der Kieslagerstätte Kaban. – Arbeiten des IGN d. Akad. Wiss. UdSSR, Nr. 15, 1951.
NAKOWNIK, N. I.: Sekundäre Quarzite, ihre Mineralfazies, Genese und praktische Bedeutung. – Nachr. Akad. Wiss. UdSSR, geol. Serie, Nr. 1, 1947.
OELSNER, O. W.: Die Abhängigkeit der Paragenesen erzgebirgischer Lagerstättenbezirke vom Intrusionsalter der dazugehörigen Granite. – Freib. Forsch.-H., H. 8, Ausg. C, 3, 1951.
SMIRNOW, S. S.: Die Metallogenie von Westwerchojan. – Probleme sowj. Geol., Nr. 4, 1934.
– Schema der Metallogenie des östlichen Transbaikalgebietes. – Probleme sowj. Geol., Nr. 4, 1936.
– Zur Frage der Zonalität von Erzlagerstätten. – Nachrichten Akad. Wiss. UdSSR, geol. Serie, Nr. 6, 1937.
WEN GUAN: Über die metallogenetische Spezialisierung von Granitoiden. – Abdruck in russischer Sprache aus Science Record, New Ser., vol. II, Nr. 11, Peking 1958.

Strukturgeologische Stellung nicht zutage ausstreichender Erzkörper polymetallischer Lagerstätten und Lagerstätten seltener Elemente im nördlichen Tienschan[1)]

W. A. NEWSKI, Moskau

Im nördlichen Tienschan kommt ein verhältnismäßig seltener Typ von polymetallischen Lagerstätten und Lagerstätten seltener Metalle vor, dessen klassische Vertreter die Lagerstätten des Erzfeldes Aktjus im Sailer Alatau und des „Erzknotenpunktes" Kurgan-Tschatkaragoi im Talassker Alatau darstellen.

Die Lagerstätten des Erzfeldes von Aktjus

Diese Lagerstätten liegen in präkambrischen kristallinen Schiefern, die von einem mächtigen kaledonischen Granitmassiv und von spätvaristischen Kleinintrusionen und Ganggesteinen durchbrochen werden.

Die am Aufbau des Erzfeldes beteiligten Gesteine bilden eine eng zusammengepreßte, nordöstlich streichende Synklinale, die im „Scheitel" noch eine isoklinale Antiklinale zweiter Ordnung zeigt. Diese Faltenstrukturen werden von zahlreichen Brüchen durchsetzt, die NE–SW, W–E, seltener NW–SE streichen.

Die Erzkörper der Lagerstätten liegen in steileinfallenden schlotförmigen Körpern, ferner in Satellitenkuppeln eines Alaskitgranitmassivs unter diesen Schloten. Außer durch die postmagmatische Mineralisation sind die Schlote mit Bruchstücken der kristallinen Schiefer, Granophyrstöcken, Gängen und unregelmäßigen Körpern von Apliten, Syenitapliten und Albititen erfüllt. Es kommen auch Porphyritgänge vor.

Die Erze der Lagerstätten von Aktjus besitzen eine komplizierte Zusammensetzung. Neben den Komponenten einer polymetallischen Niedertemperaturvererzung enthalten sie die in Hochtemperaturparagenesen auftretenden Elemente Sn, Mo und andere.

Die Bildung der Lagerstätten erfolgte postmagmatisch und gliedert sich deutlich in zwei große Etappen, die voneinander durch Intrusion der Granophyre und Ganggesteine getrennt sind. In der ersten Etappe lassen sich wiederum zwei Stadien unterscheiden: das Quarzstadium und das Quarz-Muskovitstadium; in der zweiten Etappe treten vier Stadien hervor: das Biotit-Molybdänglanzstadium, das Orthoklasstadium, das Quarz-Sulfidstadium und das Quarz-Karbonatstadium.

Im Erzfeld von Aktjus ist deutlich eine horizontale und vertikale Zonarität zu beobachten, die die Lage eines bestimmten Bereiches zu dem nach Nordosten abtauchenden Hangenden der Mutterintrusion der Alaskaite widerspiegelt.

Bei der Bestimmung der Verteilung der postmagmatischen Mineralisation im Erzfeld spielen die strukturellen Elemente eine wichtige Rolle. Alle schlotförmigen Körper der Lagerstätte treten in der Zone des nordöstlichen Querbruches, in Bereichen, in denen ihn kleine diagonal dazu verlaufende, E–W und NW–SE streichende Brüche kreuzen, auf. Da die Bildung der schlotförmigen Körper vorwiegend auf Gasdurchbrüche zurückzuführen ist, handelt es sich um Explosionsschlote.

Der schlotförmige Körper der Lagerstätte Aktjus streicht nicht zutage aus. Die an der heutigen Tagesoberfläche aufgeschlossenen schlotförmigen Körper und die Satellitenkuppel des Alaskaitmassivs im zentralen und im südwestlichen Teil des Erzfeldes würden, wenn der entsprechende Erosionsanschnitt 250—300 m höher läge, ebenfalls nicht zutage ausstreichen.

Die wichtigsten Merkmale für das Aufsuchen nicht zutage streichender Erzkörper der Lagerstätten vom Typ Aktjus sind folgende:

1. Magmatogene Merkmale: Enger räumlicher Zusammenhang mit der Alaskait-Mutterintrusion, mit den Granophyrstöcken, mit den Albitit- und Syenitaplitgängen, ferner mit den ringförmigen Porphyritgängen.

2. Strukturelle Merkmale: Vorkommen der schlotförmigen Körper in Gebieten, in denen kleinere Verwerfungen die Hauptverwerfung kreuzen, Auftreten von Nebengesteinsbrekzien und klastischen Gesteinsgängen mit Trümmern der Nebengesteine und der darunterliegenden Granitoide.

3. Merkmale hinsichtlich der Mineralisation: Auftreten von kleinen Quarzgängen, die älter als der Granophyr sind, von Greisenzonen, Orthoklastrümern, sulfidischen Einsprengungen und Quarz-Flußspatgängen. In Zusammenhang mit ihrer Albitisierung nehmen die Porphyritgänge eine rötliche Färbung an.

In Bereichen, in denen die ebenerwähnten Merkmale festgestellt wurden, gilt bei der Erkundung der nicht zutage ausstreichenden Erzkörper nachstehende Reihenfolge: detaillierte geologische Kartierung im Maßstab 1:1000; mineralogische und geochemische Untersuchungen; geophysikalische Untersuchungen; Bohrungen.

Die Lagerstätte Kurgan

Die Lagerstätte liegt in untersilurischen Kalken, die von einer mächtigen Schieferfolge gleichen Alters überdeckt werden. Die obersilurische Schichtenfolge wird von einem mächtigen kaledonischen Granitmassiv, kleinen Intrusionen von Graniten, Alkalisyeniten, Alkaligabbroiden und -basaltoiden und der sie begleitenden Ganggesteinsserie durchbrochen. Diese Kleinintrusionen haben entweder jungkaledonisches oder varistisches Alter. Die Alkaligesteine sind möglicherweise alpidisch.

[1)] Aus: Materialien für die Allunionsberatung zur Ausarbeitung wissenschaftlicher Grundlagen für das Aufsuchen verborgener Erzkörper (Thesen der Vorträge und Mitteilungen), Moskau 1958, S. 80–84 (russ.). Übers.: OESTREICH

Die sedimentären und metamorphen Gesteine der Lagerstätte sind in eine asymmetrische kuppelartige Falte gelegt, die NW—SE streicht und von zahlreichen Brüchen verschiedener Richtungen durchsetzt wird.

Die in den Kalken liegenden Erzkörper der Lagerstätten besitzen eine sehr verschiedenartige Form — von länglichen gangförmigen Körpern und verdickten Linsen bis zu schlotförmigen Körpern, die im Horizontalschnitt fast isometrisch sind. Weiterhin kommen auch kleine Nester und unregelmäßig verästelte metasomatische Lager vor.

Die Erze der Lagerstätte besitzen eine komplizierte Zusammensetzung. Neben Polymetallen und ihren Begleitelementen enthalten sie Zinn, Molybdän und andere Elemente. Die Bildung der Lagerstätte erfolgte postmagmatisch und läßt sich in zwei Phasen gliedern: eine Hochtemperaturphase (Frühetappe) und eine Niedertemperaturphase. In der „Hochtemperaturphase" erfolgte die Bildung der Greisen und Skarne mit Molybdänglanz, Flußspat und anderen Mineralien. Die Mineralisation der zweiten Phase gliedert sich in drei Stadien: Magnetkies-, polymetallisches und karbonatisch-polymetallisches Stadium. Mit dieser zweiten Phase hängt die polymetallische und die Zinnvererzung zusammen.

Innerhalb der Lagerstätte tritt eine scharf ausgeprägte horizontale und vertikale Zonarität in Erscheinung, die die Lage eines bestimmten Bereiches zum Hangenden des Massivs der Alkalisyenite widerspiegelt.

Wesentlichen Einfluß auf die Verteilung der Vererzung um das Syenitmassiv hatten die strukturellen Elemente. Der verhältnismäßig flache Flügel der kuppelartigen Falte, innerhalb der die Lagerstätte liegt, wird von zahlreichen Brüchen durchsetzt, die hauptsächlich nordwestlich, seltener ostwestlich und in anderen Richtungen streichen. Diese Verwerfungen bestimmen nicht nur die Lage der Erzkörper, sondern auch die der Satellitenkuppeln des Syenitmassivs, ferner der sie begleitenden Alkaligabbroide und der Ganggesteine. Die Erzkörper, bestehend aus Greisen und Skarnen mit entsprechender Vererzung, sind in der Nähe des Massivs — längs der Brüche — angeordnet. Längs der gleichen Brüche, aber in maximaler Entfernung vom Massiv, liegen die polymetallischen und besonders die karbonatisch-polymetallischen Erzpartien. Alle bisher bekannten Erzkörper der Lagerstätte Kurgan sind durch das scharf gegliederte rezente Relief aufgeschlossen. In einer Reihe anderer, analoger Lagerstätten des Erzfeldes von Kurgan-Tschatkaragoi erschloß die Erosion nur die polymetallischen und karbonatisch-polymetallischen Vererzungszonen. Die Vererzung der Hochtemperaturmineralisation ist noch verborgen.

Folgende Merkmale können beim Aufsuchen nicht zutage ausstreichender Lagerstätten dieses Typs verwendet werden:

1. Magmatogene Merkmale: Enger räumlicher Zusammenhang mit den Alkalisyenit-Massiven und ihren subvulkanischen Fazies und den Ganggesteinen, ferner mit den Kleinintrusionen und den Ganggesteinen der Alkaligabbroide und -basaltoide.

2. Strukturelle Merkmale: Auftreten von Kalkbrekzien der verschiedensten Formen und Größen, von schicht- und linsenförmigen Körpern bis zu steileinfallenden Schloten.

3. Merkmale hinsichtlich der Mineralisation: Auftreten vergreister und verskarnter Alkaligesteine; Einsprengung von Molybdänglanz und Sulfiden; Dolomitisierung und Hämatitisierung der Kalke.

Die Reihenfolge der durchzuführenden Arbeiten bei der Erkundung nicht zutage ausstreichender Erzkörper ist die gleiche wie bei den Lagerstätten vom Typ Aktjus.

Zur Festlegung der Konditionen für mineralische Rohstoffe

Beitrag zur Ausarbeitung einer Methodik für die DDR (1)

FRIEDRICH STAMMBERGER, Berlin

1. Vorbemerkung

In den voraufgegangenen Beiträgen[1]) wurde versucht, die Problematik des Themas anzudeuten und bemerkenswerte Stellungnahmen ausländischer Fachleute — amerikanischer und sowjetischer — dem deutschen Leser zur Kenntnis zu bringen. Der Umfang dieser Information hat möglicherweise überrascht, obwohl sich der Verfasser notwendige Beschränkungen auferlegt hat.

Für eine eingehende Darlegung und vielseitige Charakteristik des komplizierten Problems waren folgende Gründe maßgebend:

a) Infolge fehlender eigener theoretischer Untersuchungen und mangelnder Kenntnis der einschlägigen ausländischen Arbeiten sind bei uns veraltete Argumente und untaugliche Lösungsvorschläge verbreitet.

b) Es besteht kein Zweifel, daß eine richtige Lösung nur gefunden werden kann, wenn ein breiter Kreis von Fachleuten mitwirkt.

c) Hieraus folgt, daß der eigentlichen Aussprache über die Methodik der Festlegung von Konditionen für mineralische Rohstoffe eine eingehende Information über die Problematik der Aufgabe vorausgehen muß.

In der deutschen Fachliteratur ist das hier behandelte Thema nur in wenigen Veröffentlichungen berührt worden. Zur Methodik der Festlegung selbst ist bisher nur die Methode der Varianten vorgeschlagen worden (STAMMBERGER 1957). Die zitierten Stellungnahmen der sowjetischen Fachkollegen zeigen jedoch, daß zunächst die Klärung einiger grundsätzlicher ökonomischer Fragen notwendig ist. Mit der eigentlichen Methodik der Festlegung von Konditionen kann erst begonnen werden, wenn der einzuschlagende Weg abgesteckt ist.

Wenn Verfasser nachfolgend seine Auffassung zu noch wenig untersuchten Problemen darlegt, so erhebt er damit selbstverständlich keinen Anspruch auf eine endgültige Lösung. Es handelt sich vielmehr um Auffassungen, die lediglich zur Diskussion gestellt werden.

2. Wert, Selbstkosten und Arbeitsproduktivität

Auch in der sozialistischen Planwirtschaft der DDR haben die Erzeugnisse der Grundstoffindustrie ihren Warencharakter noch nicht verloren. Wir haben allerdings eine Warenproduktion besonderer Art: ohne Privateigentum an den Produktionsmitteln und ohne

[1]) s. Heft 10 (1959), Heft 4 und 5 (1960) der Z. angew. Geol.

Kapitalisten. Alle Waren haben neben ihrer Nützlichkeit, die sie zum Gebrauchswert machen, auch einen Wert.

Der Wert einer Ware wird auch in der sozialistischen Wirtschaft durch die Menge der für ihre Herstellung aufgewandten gesellschaftlich notwendigen Arbeitszeit bestimmt. „Gesellschaftlich notwendig" ist die aufgewandte durchschnittliche Arbeitszeit in den Betrieben, die die Hauptmasse der betreffenden Produkte erzeugen. Das ist eine objektiv existierende Größe.

Die zur Produktion des gesellschaftlichen Gesamtproduktes notwendigen Aufwendungen an gesellschaftlicher Arbeit sind die gesellschaftlichen Produktionskosten, die auch den Wert der Waren darstellen. Die gesellschaftlichen Produktionskosten setzen sich aus drei Bestandteilen zusammen: aus dem Wert der verbrauchten Produktionsmittel, aus dem Wertanteil, der durch die Arbeit für sich, und dem Wertanteil des Produktes, der durch Arbeit für die Gesellschaft geschaffen worden ist.

„Die ersten beiden Bestandteile der gesellschaftlichen Produktionskosten bilden in den staatlichen sozialistischen Betrieben die Selbstkosten der Erzeugnisse. Die Selbstkosten sind der in Geldform ausgedrückte Teil der gesellschaftlichen Produktionskosten, der die Aufwendungen des Betriebes für die verbrauchten Produktionsmittel und die Löhne ersetzt."
(Politische Ökonomie, 1955, S. 535.)

Die Selbstkosten unserer Industrie sind nicht identisch mit dem kapitalistischen Kostpreis. Dieser besteht aus den Ausgaben des Kapitalisten für Produktionsmittel und Arbeitslohn, d. h., ist die Summe des für die Produktion der Ware verausgabten Kapitals (konstantes plus variables). Dem Kapitalisten kostet die Ware so viel, wie er für sie Kapital verausgabt hat. Der Gesellschaft kostet sie tatsächlich so viel, wie sie lebendige und vergegenständlichte Arbeit erfordert. Es sind somit völlig verschiedene Dinge, was die Ware dem Kapitalisten und was die Produktion der Ware tatsächlich kostet. Der kapitalistische Kostpreis liegt stets unter dem wirklichen Kostpreis, da der Kapitalist durch Raubbau an den Arbeitskräften und verstärkter Ausbeutung die Vergrößerung seines Profits anstrebt und erzwingt. Senkung des kapitalistischen Kostpreises bedeutet in der Regel verstärkte Ausbeutung des Arbeiters; sie ist möglich, selbst wenn der wirkliche Kostpreis nicht verringert und die Produktivität der Arbeit nicht erhöht wird. Senkung der Selbstkosten der sozialistischen Betriebe ist dagegen nur möglich, wenn die aufgewandte Arbeit verringert wird. Die Selbstkosten der Betriebe sind damit eine wichtige Kennziffer für die Arbeit des Betriebes. In den Selbstkosten des Bergbaus spiegeln sich die geologischen Verhältnisse der Lagerstätte und der technische Stand der Produktion wider. Bei gleichen geologischen Verhältnissen führen unterschiedliche Technologien zu unterschiedlichen Gestehungskosten. Rückständige technische Einrichtungen und eine unrationelle Technologie können selbst bei relativ günstigen geologischen Verhältnissen die Ursache für unvertretbar hohe Selbstkosten sein. Im Bergbau (ebenso wie in der übrigen Industrie) führen außerdem unterschiedliche Betriebskapazität und unterschiedliche Kapazitätsauslastung bei gleicher Technologie und gleichen geologischen Verhältnissen zu unterschiedlich hohen Gestehungskosten. Daraus folgt, daß die betrieblichen Selbstkosten nicht Grundlage der Konditionen sein können. Sie sind jedoch ein wichtiger, unter allen Umständen zu beachtender Faktor.

Senkung der Selbstkosten als wesentlichen Bestandteil der Produktionskosten ist gleichbedeutend mit Erhöhung der Arbeitsproduktivität.

„Vom gesellschaftlichen Standpunkt aus steigt die Arbeitsproduktivität mit der Einsparung an Arbeit, sowohl an lebendiger als auch an vergegenständlichter Arbeit im Maßstab der gesamten Gesellschaft. Marx lehrt, daß wirkliche Ökonomie schließlich auf Ökonomie der Arbeitszeit hinausläuft und daß diese Einsparungen mit der Entwicklung der Produktivkraft der Arbeit identisch sind."
(Politische Ökonomie, 1955, S. 497.)

Die Steigerung der Arbeitsproduktivität kommt darin zum Ausdruck, daß der Anteil der lebendigen Arbeit am Produkt geringer wird, während der Anteil der vergangenen Arbeit relativ zunimmt, wobei die Gesamtmenge der in einer Erzeugniseinheit enthaltenen Arbeit abnimmt.

Im Kapitalismus wird der Einführung einer neuen Technik nur dann zugestimmt, wenn am bezahlten Teil der lebendigen Arbeit mehr eingespart wird, als an vergangener Arbeit hinzugefügt werden muß. Die Grenze der Einführung einer neuen Technik wird im Sozialismus dagegen

1. durch die Einsparung bestimmt, welche an der gesamten gesellschaftlichen Arbeit erreicht wird, und
2. durch die erzielten Verbesserungen der Arbeitsbedingungen.

Das sind letzten Endes die Ursachen für das größere Wachstum der Arbeitsproduktivität im Sozialismus, verglichen mit dem Kapitalismus.

3. Die Rolle der Differentialrente im Bergbau

Die ökonomischen Parallelen zwischen Bergbau und Landwirtschaft sind bekannt, sie wurden bereits an anderer Stelle (STAMMBERGER 1957) kurz angedeutet. Es ist notwendig, auf diese Frage nochmals einzugehen, da in neuerer Zeit die Rolle der Bergrente (als Analogon zur Bodenrente) wieder diskutiert wird (WOLODOMONOW 1959 u. a.).

In der kapitalistischen Landwirtschaft wird bekanntlich zwischen absoluter Grundrente und Differentialrente unterschieden. Die absolute Grundrente ist der Teil des Mehrwertes, der durch die Lohnarbeiter in der Landwirtschaft geschaffen wurde, über dem Durchschnittsprofit liegt und dem Grundeigentümer für die Erlaubnis zur Nutzung des Grund und Bodens gezahlt wird. Durch die Unterschiedlichkeit des Bodenertrages (Fruchtbarkeit u. a.) und die besondere Form der Preisbildung in der Landwirtschaft (nach den Kostpreisen auf den ungünstigsten, jedoch noch für den Markt notwendigen, genutzten Böden plus Durchschnittsprofit) erhalten die Bewirtschafter günstiger Flächen noch einen Sonderprofit, der als Differentialrente bezeichnet wird.

MARX unterscheidet zwei Formen der Differentialrente:
Die Differentialrente I hängt mit dem Unterschied in der Bodenfruchtbarkeit und in der Lage der Bodenflächen hinsichtlich der Absatzmärkte zusammen.
Die Differentialrente II ist das Ergebnis zusätzlicher Aufwendungen für die Anwendung von Produktionsmitteln und Arbeit auf demselben Bodenstück, d. h. das Ergebnis der Intensivierung der Landwirtschaft.

Im Sozialismus ist die absolute Grundrente durch die Aufhebung des Privateigentums an Grund und Boden beseitigt[2]). Die Differentialrente wirkt weiter, da die Verschiedenartigkeit der Böden, ihre Lage und möglicher unterschiedlicher Arbeitsaufwand pro Bodeneinheit weiterbestehen bzw. möglich sind.

Die ökonomischen Gesetze für die Landwirtschaft haben nach MARX weitgehende Gültigkeit auch für den Bergbau. Die absolute Grundrente wird infolge der

[2]) Hier wird von Übergangsformen in den Besitzverhältnissen abgesehen.

sozialökonomischen Umgestaltung auf dem Gebiete der DDR nicht wirksam (da das Privateigentum an Bergwerken, Lagerstätten usw. beseitigt wurde).

Die Möglichkeiten zur Entstehung der Differentialrente I bleiben erhalten, da die naturgegebenen Unterschiede der Lagerstätten nicht beseitigt werden können.

Die Differentialrente II hat im Bergbau seit jeher spezifischen Charakter: Es gibt nur wenig Lagerstätten, die sich nach ihrem Abbau erneuern (zu den regenerierbaren Lagerstätten gehören gewisse Seifenlagerstätten u. a.). Größere Bedeutung hat die komplexe Verwertung des Förderproduktes (Nutzung aller wertvollen Komponenten des Erzes sowie der Berge).

WOLODOMONOW (1959) nennt Bergrente „den Unterschied im Produkt eines bergmännischen Betriebes für eine verausgabte Arbeitseinheit (vergegenständlichte und lebendige), der durch die Verschiedenheit im Reichtum, die natürlichen Abbaubedingungen und die Lage der verschiedenen Lagerstätten ein und desselben nutzbaren Bodenschatzes bedingt ist".

Als Basis für die Berechnung der Höhe der Bergrente müssen nach WOLODOMONOW die ökonomisch ungünstigsten der abgebauten Vorräte des Industriezweiges genommen werden. WOLODOMONOW unterstellt hier somit nicht nur die realisierte Möglichkeit der Wirksamkeit der Bergrente (Differentialrente), er übernimmt auch für die sozialistische Planwirtschaft die Art und Weise ihrer Wirksamkeit im Kapitalismus.

Die kapitalistische Bodenrente setzt jedoch voraus, daß die Preisbildung von den Betriebsergebnissen auf den schlechtesten Böden unter Aufschlag des Durchschnittsprofites ausgeht. WOLODOMONOWs Standpunkt ist somit nur dann richtig, wenn der Preisbildungsmechanismus im Sozialismus mit dem kapitalistischen identisch ist.

> „Der sozialistische Staat berücksichtigt das Wertgesetz bei der Planung der Preise. Der Preis ist in der sozialistischen Wirtschaft der planmäßig festgesetzte Geldausdruck des Wertes der Ware. Bei der Planung der Preise für die im staatlichen Sektor erzeugten Produktionsmittel wird nur die Wertform benutzt, um die für die Produktion aufgewandte gesellschaftliche Arbeit in Geld zu erfassen. Bei der Festsetzung der Preise geht der Staat von den gesellschaftlichen Produktionskosten aus, die in den Zweigen, die Waren erzeugen, den Wert dieser Waren darstellen."
>
> (Politische Ökonomie, 1955, S. 508.)

In der sozialistischen Industrie unterscheiden wir die sogen. Betriebs- oder Werkpreise und die Abgabepreise der Industrie. Der Werkpreis ist gleich den im Plan bestätigten Selbstkosten des Produktes plus dem Reineinkommen des Betriebes. Der Abgabepreis der Industrie besteht aus dem Werkpreis plus dem Anteil des zentralisierten Reineinkommens des Staates, der „Umsatzsteuer" oder — nicht ganz exakt — Akzise. Wenn auch der Preis in der sozialistischen Wirtschaft der planmäßig festgelegte Geldausdruck des Wertes ist, so kann der sozialistische Staat die Preise mit bestimmten Abweichungen vom Wert festsetzen. Preisfestsetzung und Preisplanung sind auf diese Weise wichtige Mittel zur Verteilung der zur Verfügung stehenden Einkünfte und Ressourcen auf die einzelnen Zweige der Volkswirtschaft und zur Verteilung des Volkseinkommens. Durch niedrige Preise für die Waren des täglichen Bedarfs (Brot, Kartoffeln, Mieten usw.) und relativ höhere Preise für Luxuswaren u. ä. (Schmuck, Privatauto usw.) äußert sich der sozialistische Charakter unseres Staates ebenso deutlich wie durch seine Politik des Friedens und der Völkerverständigung.

Da der Preis der planmäßig festgesetzte Geldausdruck des Wertes der Produkte ist, muß vom gesellschaftlich notwendigen Arbeitsaufwand des Industriezweiges ausgegangen werden. Nicht die betriebsindividuellen, sondern die gesellschaftlich notwendigen Kosten des gesamten Industriezweiges sind maßgebend.

Als nach der Zerschlagung des Faschismus auf dem Gebiete der DDR ein Preisstopp auf der Basis der 1944er Preise verfügt und die Einhaltung des vorhandenen Preisniveaus kontrolliert wurde, zeigte dieses Preisgefüge bald wesentliche Mängel: Die Preise der Industrieprodukte waren zum großen Teil uneinheitlich, da sie auf den betriebsindividuellen Kostenverhältnissen aufbauten; die Preise wichen zum Teil stark von den Kosten ab; sie unterschieden sich außerdem bedeutend von ihren Werten.

Mit den Preisverordnungen Nr. 280, 281 und 282 wurde im Jahre 1952 die Schaffung eines neuen Preisgefüges begonnen. Nach den Direktiven des Ministerrates sind für jedes Produkt und jede Qualität einheitliche Festpreise zu bilden, welche die durchschnittlichen Selbstkosten im Wirtschafts- bzw. Industriezweig als Grundlage haben. Dieser im Unterschied zum Kapitalismus grundsätzlich andere Preisbildungsmechanismus für die Produkte des Bergbaus hat für die Wirksamkeit der Differentialrente (Bergrente) im herkömmlichen Sinne keinen Platz. Daher ist auch der Vorschlag WOLODOMONOWs für die sozialistische Wirtschaft nicht brauchbar.

4. Die Rolle der Bergrente in der sozialistischen Wirtschaft

In jedem Lande gibt es „gute" und weniger gute Lagerstätten eines bestimmten Rohstoffes. Mehr noch, auf den meisten Lagerstätten gibt es Abschnitte, die überdurchschnittlich oder unterdurchschnittlich „gut" sind. Die Qualifizierung „gut" oder „schlecht" wird in der DDR vor allem durch die Eigenschaften der Lagerstätte und ihrer Vorräte begründet. In anderen Ländern kann die geographische Lage (Verkehrslage, Arbeitskräftemangel, fehlende Energiequellen usw.) noch Bedeutung erlangen.

Bei uns werden vor allem die bergtechnischen Verhältnisse beim Abbau und die Eigenschaften des Rohstoffes (Gehalt, mineralogische Zusammensetzung, Verwachsungsverhältnisse, schädliche Beimengungen usw.) maßgebend dafür sein, ob wir von einer guten oder weniger guten Lagerstätte sprechen. Diese Einschätzung wird sich — unausgesprochen — stets auf die erwarteten Gestehungskosten der Einheit (Tonne oder Kilogramm) des Abbau- oder Endproduktes orientieren.

Wenn vom gesamtvolkswirtschaftlichen Standpunkt die Festsetzung einheitlicher Abgabepreise für Bergbauprodukte keine Diskussion hervorruft, so ruft es unter den Fachleuten auch keinen Zweifel hervor, daß die Selbstkosten der einzelnen Betriebe — eben weil es gute und weniger gute Lagerstätten gibt — verschieden sein werden.

Wenn außerdem die Deckung des Rohstoffbedarfes der Wirtschaft in der sozialistischen Planwirtschaft als bestimmender Faktor für den Produktionsumfang der Bergindustrie anerkannt wird, läßt es sich wohl in keinem Falle vermeiden, daß Lagerstätten mit unterschiedlichen geologischen Verhältnissen (die wir hier bedingt gleich unterschiedlichen Selbstkosten setzen wollen) abgebaut werden. Unter diesen Umständen entsteht die äußerst wichtige Frage: Für welche Verhältnisse sind die Konditionen zu bestimmen, und wenn sie betriebsindividuell bestimmt werden, innerhalb welcher Grenzen dürfen diese sich bewegen?

Volkswirtschaftlich gesehen, ist es nach Meinung des Verfassers nicht zu vertreten, daß in irgendeiner Grube der DDR aus „ökonomischen" Überlegungen Lagerstättenvorräte eines Rohstoffes nicht abgebaut werden, die in anderen Betrieben der Republik Objekt der bergmännischen Tätigkeit sind. Mit anderen Worten: Wenn ein bestimmter Rohstoff in einem Betrieb des Gangbergbaues nur so lange gebaut wird, wie die Selbstkosten einer Tonne Erz z. B. 100 DM nicht überschreiten, ist es ein volkswirtschaftlicher Verlust, wenn auf einer anderen Lagerstätte (z. B. des sedimentären Typs) Vorräte des gleichen Rohstoffes nicht gewonnen werden, weil sie bei gleicher Qualität vielleicht im Abbau 90 DM kosten würden. (Solche Überlegungen sind durchaus aktuell, wenn wir an die bedeutenden Blei-Zink-Vorräte im mitteldeutschen Raum denken.)

Allgemein könnte dieser Gedanke so formuliert werden: Der Metallbedarf unserer Wirtschaft und die Möglichkeiten seiner Befriedigung veranlassen die Staatliche Plankommission, die Produktion auf so vielen Lagerstätten vorzusehen, daß sowohl relativ ungünstige Lagerstätten als auch ungünstige Teile von im allgemeinen günstigen Lagerstätten in die Produktion einbezogen werden. Der Aufwand an gesellschaftlicher Arbeit, sowohl auf den insgesamt ungünstigen Lagerstätten als auch in den ungünstigen Teilen „normaler" Lagerstätten, muß auf einem Niveau liegen, wenn keine volkswirtschaftlichen Verluste — entweder an nichtabgebauten Vorräten oder durch zu hohe Verausgabung von gesellschaftlicher Arbeit — entstehen sollen. Der Maximalaufwand für die teuerste Produktionseinheit ist von der Staatlichen Plankommission einheitlich festzulegen. Es genügt somit nicht, daß den Betrieben die durchschnittlichen Gestehungskosten für die Tonne Rohstoff im Plan vorgegeben werden. Es sind außerdem maximale Gestehungskosten für die ungünstigsten Verhältnisse der Lagerstätte vorzugeben, die einheitlich für die ganze DDR sein müssen.

Die konkrete Anwendung des einheitlich vorgegebenen Maximalaufwandes führt zwangsläufig zu individuellen Konditionen für von der Norm abweichende geologische Verhältnisse, bei denen Mächtigkeit, Gehalte, bergtechnische Verhältnisse usw. Variable sind und nur ihre Resultierende (Maximalgestehungskosten) festliegt.

Für die meisten unserer Bergbetriebe sind wahrscheinlich folgende Plankennziffern ausreichend, um eine richtige Betriebsführung im diskutierten Sinne zu sichern:

a) die Produktionsauflage, welche auf Grund der geologischen und betriebstechnischen Gegebenheiten bestimmt wird;

b) die durchschnittlichen Selbstkosten der geförderten Tonne Rohstoff und die maximal zulässigen Selbstkosten der unter ungünstigen Bedingungen geförderten Tonne;

c) ein einheitlicher Abgabepreis für das Bergbauprodukt, der sich aus der Lage des gesamten Industriezweiges ergibt;

d) ein geplanter Gewinn oder Verlust des Betriebes, mit dessen Hilfe sich die betrieblichen Selbstkosten mit den einheitlichen Festpreisen des Produktes balancieren lassen[3]).

Die Produktionsauflage wird für Erz und Metallinhalt gegeben, d. h., schreibt einen Plandurchschnittsgehalt vor. Bei dessen richtiger Festlegung (d. h. Berücksichtigung der Lagerstättengegebenheiten und der Qualitätsverteilung in den anstehenden Vorräten) würde eine Überschreitung des Plangehaltes auf selektiven Abbau reicher Erze hinweisen; seine Unterschreitung — auf mangelhafte Abbauführung. Umgekehrt: Eine im Verhältnis zu den Lagerstätten- und Betriebsverhältnissen zu hohe Produktionsauflage kann bei vollständiger Ausnutzung der Betriebskapazität nur über selektiven Abbau erfüllt werden.

Die Errechnung der vorgegebenen durchschnittlichen Planselbstkosten setzt gründliche Vorarbeiten voraus. Neben anderem müßte eine Vorkalkulation für die Gestehungskosten der Tonne Rohstoff aus jedem Abbaublock vorhanden sein, aus der die Kosten pro Tonne oder Kilogramm Metallinhalt abgeleitet werden könnten. Nach diesem letzten Kriterium müßte eine betriebliche Gruppierung der Vorratsblöcke (nach den Gestehungskosten) durchgeführt werden. Nur bei solchen Unterlagen und bestätigtem Abbauplan ließen sich die vorgegebenen durchschnittlichen Planselbstkosten einwandfrei berechnen.

Eingeplanter Gewinn oder Verlust des Betriebes gleichen bei normaler Arbeit die Gestehungskosten und Werkpreise aus. Im Plan vorgegebene Gewinne oder Verluste berücksichtigen die natürlichen Unterschiede der Lagerstätten. Wie NOWOSHILOW (1958) nach Meinung des Verfassers richtig formuliert hat, verwandelt sich unter den Verhältnissen der sozialistischen Produktion die Differentialrente in differenzierte Rentabilität der verschiedenen Bergbaubetriebe.

5. Maximale oder optimale Nutzung der Lagerstätten?

Von geologischer Seite wird die maximale Nutzung der Lagerstätten besonders häufig als unumstößliche Forderung erhoben. Darunter wird verstanden:

a) maximale Vermeidung von Verlusten beim Abbau, Transport und bei der Verarbeitung des Rohstoffes;

b) Einbeziehung auch der ärmeren Erzpartien in den Abbau, d. h. Streckung der Lagerstättenvorräte durch Verschneidung der guten Erze mit weniger guten oder auch schlechten;

c) komplexe Nutzung des Rohstoffes durch Verwertung aller Haupt- und Nebenkomponenten;

d) komplexe Nutzung aller in einer Lagerstätte angetroffenen Rohstoffe, selbst wenn die Lagerstätte nur für einen bestimmten Rohstoff in Abbau ging (z. B. Nutzung der Tone, Sande und Kiese im Abraum unserer Braunkohlentagebaue);

e) sinnvolle Reihenfolge des Abbaus verschiedener Rohstoffe in einer Lagerstätte (z. B. des Kupferschiefers und der darüber lagernden Kalilager oder die Entgasung und Entölung bestimmter Gebiete, die auch für eine Kaligewinnung interessant sind, unter Bedingungen, welche diese Gewinnung ermöglichen).

Ohne Zweifel verdienen diese Forderungen die größte Beachtung. Was an diesen Forderungen diskutiert und berichtigt werden muß, ist unseres Erachtens ihre unexakte Formulierung.

---

[3]) Bei manchen Rohstoffen, so z. B. bei Steinkohle, käme noch der „Sortenplan" als vorzugebende Plankennziffer hinzu.

In den Begriff des Vorrates geht auch ein wirtschaftliches Moment ein: vertretbarer Aufwand. Unter diesem Gesichtspunkt unterscheidet die Klassifikation der Lagerstättenvorräte mineralischer Rohstoffe Bilanz- und Außerbilanzvorräte. Für die ersten ist der benötigte Aufwand heute ohne weiteres wirtschaftlich vertretbar, für die zweiten in absehbarer Zukunft. Die dritte vorgesehene Gruppe der Vorräte — die prognostischen — sind solche[4], die (hier ebenfalls nur das wirtschaftliche Moment betrachtet) in weiterer Zukunft bei einer geschätzten Entwicklung des technischen Fortschrittes und einer vorausgesagten Bedarfsentwicklung die notwendigen Aufwendungen zu einem der Prognose zugrunde liegenden Zeitpunkt vertretbar werden lassen.

Die Intensität der Nutzung eines Vorrats und der Lagerstätte insgesamt wird somit durch den benötigten Aufwand kontrolliert. Die Bereitstellung dieses Aufwandes hängt vom Metallbedarf und den Möglichkeiten seiner Deckung ab. Beide Begriffe sind hier weit zu fassen. Unter „Bedarf" ist z. B. auch der notwendige Export zu verstehen, unter Deckung — auch die Möglichkeit des Importes, sowohl aus den sozialistischen als kapitalistischen Ländern.

Der Import eines Rohstoffes ist dann zweckmäßig, wenn entsprechende Lagerstätten nicht oder nicht ausreichend vorhanden sind oder der Rohstoff günstiger — im Sinne des volkswirtschaftlichen Aufwandes — auf dem Wege des Austausches importiert werden kann.

Die eigene Wolframitförderung im Erzgebirge z. B. ist für die Volkswirtschaft unserer Republik offensichtlich nur dann zweckmäßig, wenn die volkswirtschaftlichen Kosten (d. h. einschließlich des Transportes) für importiertes Wolframit höher liegen als bei uns. Anderenfalls ließe sich eine Eigenförderung nur dann vertreten, wenn im sozialistischen Lager eine allgemeine Bedarfslücke an Wolfram bestünde oder mit der Stilllegung eigener Wolframitgruben solche Aufwendungen für die Volkswirtschaft entstünden, daß der primäre Vorteil des Importes aufgehoben würde.

Die Forderung der Geologen, daß die von ihnen entdeckten Lagerstätten heute und unbedingt vollständig abgebaut werden, ist somit volkswirtschaftlich nicht begründet. Entdeckte und heute nicht genutzte Lagerstätten gehen vielmehr als Naturreichtum in das Volksvermögen ein. Sie werden dann abgebaut werden, wenn es für die Volkswirtschaft vorteilhaft ist.

Die Abbauführung in Betrieb stehender Gruben muß ebenfalls unter dem Gesichtspunkt der volkswirtschaftlichen Zweckmäßigkeit erfolgen.

Wenn im Deckgebirge einer Braunkohlenlagerstätte Sande auftreten, ihr separater Abbau den Aufschluß der dringend benötigten Braunkohlen verzögert, eine getrennte Haldenwirtschaft sehr teuer, der Rohstoff ökonomisch keine weiten Transportwege verträgt und der Rohstoff selbst weit verbreitet ist, wäre die Forderung der unbedingten Nutzbarmachung dieser Sande volkswirtschaftlich überspitzt. Die Forderung der optimalen Nutzung, d. h. die Abwägung der genannten Umstände und die entsprechende volkswirtschaftlich richtige Entscheidung, wird sowohl den Forderungen der Geologen als auch unserer Wirtschaft gerecht.

Ebenso muß nach Meinung des Verfassers die „maximale" Nutzung der vorliegenden Rohstoffvorräte entschieden werden. Die Einbeziehung armer Erze zur Verschneidung ist nur dann gerechtfertigt, wenn das zusätzliche Metall in seinen Gestehungskosten — selbst bei Nichtanrechnung der bei ihrem Abbau anfallenden Allgemeinkosten und Amortisationen[5]) — unter den maximal zulässigen Gestehungskosten liegt.

Ist dies trotz sinnvoller Berechnung der spezifischen Gestehungskosten einer Tonne Metall aus solchen Armerzen nicht der Fall, kann volkswirtschaftlich eine solche Verschneidung heute nicht vertreten werden. Wünschenswert ist dann eine derartige Lenkung des Abbaus, daß die Armerze einem zukünftigen Abbau zugänglich bleiben. Sollte sich das nicht verwirklichen lassen, muß mit diesen Erzen heute als echter Verlust gerechnet werden.

Unter optimaler Nutzung einer Lagerstätte darf selbstverständlich nicht eine Abbauführung verstanden werden, die unter „günstigsten" Bedingungen zu Raubbau führt, oder veraltete (wenn vielleicht auch billige) Abbaumethoden, die hohe Verluste an Lagerstättensubstanz, d. h. an Vorräten, mit sich bringen (z. B. der room-and-pillar-Bau im amerikanischen Steinkohlenbergbau). „Optimal" heißt, alle Faktoren abwägen und neben anderem auch an die Zukunft denken.

6. Die Konditionen und die beiden Wirtschaftssysteme

Die Volkswirtschaft der DDR ist ein Teil des sozialistischen Weltwirtschaftssystems. Sie hat außerdem sich ständig erweiternde Beziehungen zum kapitalistischen Weltwirtschaftssystem.

Rohstoffmäßig sind das kapitalistische und sozialistische Wirtschaftssystem etwa gleich gut ausgestattet. Das Übergewicht an erkundeten Vorräten des einen oder anderen Rohstoffes, das sich heute für das sozialistische Lager abzeichnet, könnte u. U. durch die systematischen geologischen Erkundungsarbeiten erklärt werden, die im Interesse einer weitschauenden Planung in fast allen sozialistischen Ländern durchgeführt wurden, besonders intensiv jedoch in den beiden zweifellos rohstoffreichsten sozialistischen Ländern — der Sowjetunion und Volkschina.

Während die Sowjetunion und China Lagerstättenvorräte fast aller benötigten Rohstoffe in reichem Maße besitzen, ist nach dem gegenwärtigen Stand der Erkenntnisse der Rohstoffreichtum der übrigen sozialistischen Länder weniger umfassend.

N. S. CHRUSCHTSCHOW erläuterte kürzlich, daß alle echten Kommunisten die Reichtümer ihrer Länder nicht nur als ihre Reichtümer, sondern als gemeinsame Reichtümer aller sozialistischen Länder betrachten. Die miteinander abgestimmten Entwicklungspläne der sozialistischen Länder sichern die ausreichende Versorgung der einzelnen Volkswirtschaften mit mineralischen Rohstoffen.

Unter diesen Umständen erhebt sich die Frage, welche Bedeutung den sozialistischen Export- und Importpreisen zukommt.

Offensichtlich werden innerhalb des sozialistischen Lagers äquivalente Werte ausgetauscht, wobei die Abgabepreise den gesellschaftlichen Produktionskosten der Waren entsprechen (verbrauchte Produktionsmittel und den durch die lebendige Arbeit hinzugefügten Wertanteil). Bei gleichen technologischen Bedingungen werden sich diese Preise voneinander in Abhängigkeit von der Güte der Lagerstätte und der sich hieraus er-

[4]) Von dieser Vorratsgruppe wird hier nur ein bestimmter Teil (mit Gehalten, die unter der Gruppe der Außerbilanzvorräte liegen) berücksichtigt.

[5]) Etwa nach den Anschauungen LAWFORDS (1928) oder POSHARIZKIJS (1947).

gebenden unterschiedlichen Arbeitsproduktivität unterscheiden.

Im Handel mit dem kapitalistischen Wirtschaftssystem tritt uns der „Weltmarktpreis" als Kategorie gegenüber, die auf völlig anderer Grundlage entsteht und ganz anders einzuschätzen ist. In seiner konkreten Erscheinungsform ist der Weltmarktpreis konjunkturbedingt, durch Angebot und Nachfrage geregelt. Auf lange Sicht, über Jahrzehnte betrachtet, spiegelt er die erreichte Arbeitsproduktivität realer wider und könnte — von monopolistischer Preisbildung hier abgesehen — den Wert des Produktes darstellen: verbrauchte Produktionsmittel und den durch lebendige Arbeit hinzugefügten Wertanteil.

(Weltmarktpreis und internationaler Abgabepreis der sozialistischen Länder würden sich unter diesen Umständen nicht durch ihre Struktur unterscheiden, sondern nur dadurch, wer Nutznießer des realisierten neugeschaffenen Wertproduktes wird: Während die sozialistische Wirtschaft den neu hinzugefügten Wertteil den Produzenten direkt und indirekt — auch durch erweiterte Reproduktion — vollzukommen läßt, eignet sich der Kapitalist dessen größten Teil an.) Es können somit einige Schlußfolgerungen über die Bedeutung der „korrigierten" Weltmarktpreise zur Diskussion gestellt werden:

1. Die Weltmarktpreise sind bei Berücksichtigung ihrer konjunkturellen Schwankungen als Vergleichsgrößen für die erreichte Arbeitsproduktivität verwendbar.

Sie spiegeln in gewisser Hinsicht das „Weltniveau" — geologisch und technisch — für die bergbauliche Gewinnung gewisser Rohstoffe wider.

2. Unter Berücksichtigung des Handelsembargos der kapitalistischen Länder gegenüber dem sozialistischen Lager können die Weltmarktpreise jedoch kein Gradmesser für die „Rentabilität" eines sozialistischen Betriebes oder selbst eines ganzen Industriezweiges sein.

7. Einheitliche oder individuelle Konditionen?

Der Verbraucher eines mineralischen Rohstoffes (Hüttenmann u. a.) fordert einen Rohstoff bestimmter Eigenschaften. Ihn interessiert dabei nicht, wie der Rohstoff gewonnen oder die verlangte Qualität des Rohstoffes erhalten wurde (durch Abbau dieser Qualität oder technische Anreicherung schlechterer Sorten oder Verschneidung verschiedener Rohstoffsorten). Die Ausarbeitung von Gütebestimmungen für gehandelte mineralische Rohstoffe macht im allgemeinen keine Schwierigkeiten. Sie gehen als wesentlicher Bestandteil in die Preisverordnungen ein.

Wenn die einheitliche Festlegung derartiger Gütebestimmungen, d. h. die Mindestansprüche der verarbeitenden Industrie an den Rohstoff, nicht nur möglich, sondern auch notwendig ist, muß in jedem bergmännischen Betrieb überprüft werden:

a) ob diese Bedingungen für die beauflagte Förderung eingehalten werden können,

b) ob die entstehenden Kosten wirtschaftlich vertretbar sind.

Ebenso muß der Erkundungsgeologe bei neuen Lagerstätten auf die erste Frage eindeutig antworten und zur zweiten seine Einschätzung geben.

Was wird hierzu benötigt?

1. Die Feststellung, daß die anstehenden Lagerstättenvorräte solche Durchschnittseigenschaften aufweisen oder durch Aufbereitungsverfahren erhalten können, durch die die einheitlichen Gütebestimmungen für den Rohstoff erfüllt oder sogar übertroffen werden.

2. Die Feststellung, daß diese Vorräte hinsichtlich der bergtechnischen Bedingungen dem Bergbau zugänglich sind und gewonnen werden können.

3. Die Feststellung einer solchen Vorratsmenge, daß die Errichtung eines bergmännischen Betriebes und seiner Nachfolgeinvestitionen ökonomisch begründet ist, sich durch den Abbau dieser Vorräte amortisiert.

Mit anderen Worten: Der Geologe braucht Richtwerte für Qualität, Menge und bergmännische Verhältnisse. Diese Richtwerte können einheitlich für Lagerstättentypen, Erzsorten usw. dem Geologen im voraus genannt werden. Nach Meinung des Verfassers ist es theoretisch zulässig (ob auch praktisch, wäre noch zu untersuchen), daß diese Richtwerte generell etwas ungünstiger gehalten werden als die heute gültigen. So könnte die mit Sicherheit zu erwartende Steigerung der Arbeitsproduktivität für die Zeit zwischen Abschluß der Erkundung und Aufnahme der Förderung berücksichtigt werden.

Auf der Grundlage dieser Richtwerte und einer Einschätzung der zukünftigen Gewinnungskosten kann der Geologe eine begründete Aussage über die M ö g l i c h k e i t der Nutzung einer beliebigen Lagerstätte machen.

Die Entscheidung über die Z w e c k m ä ß i g k e i t der Errichtung eines Förderbetriebes zu den vom Geologen vorgeschlagenen oder anderen Bedingungen erfordert sorgfältige technisch-ökonomische Überprüfungen.

Diese Überprüfungen beziehen sich einerseits auf die geologischen Voraussetzungen (z. B. den optimalen industriellen Minimalgehalt und damit den geologischen Schwellengehalt, oder die Mindestmächtigkeit in Abhängigkeit von Gehalt oder Qualität usw.). Dabei ist die rationelle und optimale Nutzung der Lagerstätte bei vertretbaren Aufwendungen besonders zu beachten.

Andererseits sind auch solche wichtige Faktoren wie Jahresförderung an Metallinhalt, Metall: Erzverhältnis (wichtig für Transport), Selbstkosten einer Tonne Erz und einer Tonne Metall, Gesamtinvestitionen und Investmittel für eine Tonne Metallzuwachs für die endgültige Entscheidung äußerst wichtig.

Die Beachtung aller Faktoren wird in der Regel für jede Lagerstätte zu besonderen, individuellen Konditionen führen. Diese Konditionen werden sich außerdem mit dem technischen Fortschritt und der Erhöhung der Arbeitsproduktivität verändern, d. h., haben Gültigkeit nur für eine bestimmte Zeit.

Die Konditionen für bereits existierende Betriebe sind bei Beachtung der geologischen Verhältnisse nach der fortschrittlichsten Technologie und den fortschrittlichsten Produktionsmethoden zu bestimmen, die in dem betreffenden Industriezweig bereits erreicht sind und von den übrigen Betrieben übernommen werden können. Ein technisch veralteter Betrieb würde bei solchen Maßstäben entweder zu teuer arbeiten oder müßte außergewöhnlich große Abbauverluste melden. In beiden Fällen wäre das für die Kontrollorgane ein ernster Hinweis auf die notwendige Rekonstruktion des Betriebes. Der benötigte Aufwand für den Abbau eines Vorrates kann „vertretbarer", d. h. niedriger, gehalten werden, wenn die Lagerstättengröße die Mechanisierung der Arbeitsprozesse gestattet, eine größere Betriebskapazität zuläßt. Mit anderen Worten, eine beschränkte Lagerstättengröße kann zu einer Technologie führen, die — obwohl keineswegs veraltet — dennoch beim gleichen „vertretbaren Aufwand" nur den Abbau von Vorräten zuläßt, die über den Grenzwerten der größeren Lagerstätte liegen. Die Gewinnung von Vorräten der gleichen Qualität würde hier größere Verausgabung menschlicher Arbeit erfordern als im „Normalfalle".

Der Minimalgehalt (hier als Ausdruck der Qualität genommen) ist eine Größe, die wesentlich durch ökonomische Faktoren bestimmt wird. Im Normalfalle entscheidet der Arbeitsaufwand, dessen Geldausdruck die Produktionskosten sind. Im besonderen Falle, d. h., wenn der Rohstoffbedarf der Wirtschaft nicht gedeckt ist, muß sich die Staatliche Plankommission im Auftrage der Gesellschaft bereit erklären, eine geringere Arbeitsproduktivität, d. h. einen größeren Arbeitsaufwand für die Tonne Rohstoff, zu akzeptieren.

Gleiche geologische Verhältnisse oder doch ähnliche lassen die Festlegung einheitlicher Konditionen zu. Qualitativ unterschiedliche technische Ausrüstungen u. ä. führen zu unterschiedlichen Selbstkosten. Die betriebsindividuellen Selbstkosten werden in vielen Fällen zu Abweichungen von den gesellschaftlichen Selbstkosten führen.

Gemäß den Lagerstättenunterschieden werden qualitativ verschiedene Vorräte abgebaut werden. Ihnen entsprechen individuelle Konditionen. Das mit der Kapazität des Betriebes gewogene Mittel dieser individuellen Konditionen ist die „gesellschaftliche Kondition".

Dabei wird die individuelle Kondition durch den vorgegebenen Maximalaufwand kontrolliert, wodurch sich die Gesellschaft vor unvertretbaren Ausgaben schützt.

Nach dieser Stellungnahme zu den grundsätzlichen Fragen kann zu der Darlegung der Methodik der Festlegung von Konditionen für anstehende mineralische Rohstoffe übergegangen werden.

(Schluß im nächsten Heft)

Zusammenfassung

Verfasser nimmt zu einigen grundsätzlichen Fragen der Ökonomik des Bergbaus Stellung: Wert, Selbstkosten, Arbeitsproduktivität, die Rolle der Differentialrente im Bergbau, maximale oder optimale Nutzung der Lagerstätten, Weltmarktpreis u. a. Die Klärung des Standpunktes zu diesen Fragen hält Verfasser für unerläßlich, bevor eine Methodik der Festlegung der Konditionen für die DDR vorgeschlagen werden kann.

Резюме

Автор излагает свою точку зрения по некоторым основным вопросам экономики горного дела: стоимость, себестоимость, производительность труда, роль дифференциальной ренты в горном деле, максимальное и оптимальное использование месторождений, цена на мировом рынке и пр. Автор считает необходимым, прежде чем предложить методику установления кондиций для ГДР, выяснить воззрения по этим вопросам.

Summary

Fundamental problems of mining economy discussed by the author include value, prime costs, labour productivity, role of differential rent in mining, maximum or optimum exploitation of deposits, world market price, etc. The need for defining attitude towards these problems is stressed prior to proposing methodics concerning a fixation of conditions for mineral raw materials in the German Democratic Republic.

Literatur

LAWFORD, E. G.: How Much of the Vein is Ore? — Engineering and Mining Journal, H. v. 14. Jan. 1928.

NOWOSHILOW, B. F.: Die Grundlagen der Bewertung von Lagerstätten nutzbarer Bodenschätze und Bergwerken. — Gornij journal, H. 8, 1958 (russisch).

POSHARIZKIJ, K. L.: Grundlagen für die Bestimmung des industriellen Minimalgehaltes im Erz. — Gornij journal, H. 9, 1947 (russisch).

STAMMBERGER, F.: Zum Problem der Bauwürdigkeit. — Z. angew. Geol., H. 2/3, 1957.

WOLODOMONOW, N. W.: Die Bergrente und Grundsätze zur Bewertung von Lagerstätten. — Moskau 1959 (russisch).

Politische Ökonomie, Lehrbuch. — Dietz Verlag, Berlin 1955.

Zu einigen Fragen der Abgrenzung von Vorräten mineralischer Rohstoffe

GÜNTER PRATZKA, Berlin

Die Vorräte unserer Lagerstätten müssen nach den von der Zentralen Vorratskommission (ZVK) herausgegebenen Anweisungen bewertet werden. Bereits im Jahre 1956 wurde die „Klassifikation der Lagerstättenvorräte fester mineralischer Rohstoffe" sowie die „Instruktion zur Anwendung der Klassifikation der Lagerstättenvorräte fester mineralischer Rohstoffe auf Kali- und Steinsalzlagerstätten" von der Zentralen Vorratskommission für verbindlich erklärt und veröffentlicht. In den folgenden Jahren wurden dann die Instruktionen für Steinkohlen-, Blei-Zink-, Kupfer-, Schwerspat-Flußspat- und Braunkohlenlagerstätten herausgegeben. Anfang 1960 konnte die 2. Kaliinstruktion für verbindlich erklärt werden. Noch im gleichen Jahre werden die Klassifikation und Instruktion für Erdöl- und Erdgaslagerstätten sowie die Instruktionen für Eisenerzlagerstätten und Lagerstätten der Steine und Erden ausgearbeitet.

Die gegenwärtige Situation

Obwohl die Anweisungen der Zentralen Vorratskommission sehr umfassend sind und in der Mehrzahl schon seit drei Jahren den Vorratsberechnungen zugrunde gelegt werden, genügen die Bilanzen noch nicht den wirtschaftlichen Anforderungen.

Das hat verschiedene Ursachen:

1. Eine ausreichende ökonomische Einschätzung der Lagerstätten wurde nicht durchgeführt, da zur Zeit noch keine ökonomisch begründeten Industriekonditionen vorliegen.

2. Zur Erarbeitung von ökonomisch begründeten Industriekonditionen gibt es noch keine theoretische, auf die Bedingungen der Volkswirtschaft der Deutschen Demokratischen Republik abgestimmte Methodik.

3. Es fehlen Richtlinien, in denen die notwendige organische Zusammensetzung der Vorräte festgelegt ist.

Für eine Bewertung der Lagerstätten hat die Zentrale Vorratskommission Anweisungen herausgegeben. Wir zitieren aus der Klassifikation der Lagerstättenvorräte fester mineralischer Rohstoffe vom 4. 9. 1956 folgende wichtige Stellen:

I. § 1 Abs. 1:
Die in Minerallagerstätten vorhandenen Vorräte fester mineralischer Rohstoffe werden nach ihrer Eignung für eine volkswirtschaftliche Nutzung[1]) in zwei Gruppen, Bilanz- und Außerbilanzvorräte, eingeteilt ...

Abs. 2:
Die Eignung der Vorräte für ihre volkswirtschaftliche Nutzung wird für die Vorratsberechnungen durch Gütebe-

stimmungen, Mindestgehalte und Mächtigkeitsangaben (von der Industrie in Gemeinschaft mit der ZVK festgelegte Grenzwerte)[1]) für jede Mineralart, Rohstoffsorte und die verschiedenen Lagerstättentypen festgelegt . . .

II. § 4 Abs. 1:
Bilanzvorräte sind solche Lagerstättenvorräte, die durch geologische Erkundungsarbeiten festgestellt wurden und den industriellen Anforderungen für Abbau und Verarbeitung[1]) entsprechen.

IV. § 6 Abs. 1:
Volkswirtschaftliche Bedeutung der Vorräte — Bilanzvorräte. Der prozentuale Anteil der einzelnen Klassen an den Gesamtbilanzvorräten bestimmt die Übergabereife einer erkundeten Lagerstätte[1]) für ihre wirtschaftliche Nutzung . . .

Abs. 2:
Die ZVK legt das notwendige Vorratsverhältnis bei der Übergabe von Lagerstätten nach Mineralen und Lagerstättentypen in besonderen Richtlinien fest . . .

In den Instruktionen sind die Forderungen hinsichtlich der Bewertung der Vorräte noch spezifischer gefaßt.

Hierzu einige Beispiele:

„Steinkohlen-Instruktion" vom 12. 2. 1957 unter:

4.22 Die für die Bergwirtschaft wichtige Frage der unteren Grenze für Mächtigkeit und Kohlenanteil wird in der DDR unter zwei Gesichtspunkten entschieden:

4.221 Die Wirtschaftlichkeit des Abbaues muß in einem gesunden Verhältnis zu den Weltmarktpreisen der Rohstoffe stehen.

4.222 Die Gewinnungsarbeiten der volkseigenen Bodenschätze müssen auch bei den Steinkohlenvorräten so ausgerichtet sein, daß ihr Abbau mit dem größtmöglichen Nutzen erfolgt. Die betrieblichen Vorteile beim Abbau günstiger Flöze gilt es auszunutzen, um ungünstige (geringmächtige u. a.) Flöze, die allein nicht wirtschaftlich gewonnen werden können, mit abzubauen.

4.234 Die Bilanzwürdigkeit eines isolierten Steinkohlenlagers mit beschränkten Vorräten ergibt sich aus dem Verhältnis der Substanzmenge zu den Aufschluß- und Gewinnungskosten. Die ZVK kann die Bilanzwürdigkeit überprüfen und die Vorräte in eine andere Vorratsgruppe einordnen.

4.251 Bis auf Widerruf wird bei Vorratsberechnungen von folgenden Grundsätzen ausgegangen: Als Bilanzvorräte werden Steinkohlenvorräte berechnet, wenn . . . die Mächtigkeit der anstehenden Kohle nicht weniger als 0,6 m beträgt und nicht weniger als 50% vol. des gesamten anfallenden Haufwerkes ausmacht.

4.3 Innerbetrieblich ist in den fördernden Steinkohlengruben eine Gruppierung der Bilanzvorräte nach den Gewinnungskosten zweckmäßig, um einen geordneten Abbau der Gesamtbilanzvorräte für die gesamte Lebensdauer eines Betriebes zu gewährleisten.

4.32 Eine solche Eingruppierung hat lediglich Bedeutung für die Abbauplanung der Grube, ist jedoch unwichtig für die allgemeine Vorratsberechnung.

Es ist ersichtlich, daß die Lagerstätten komplex, d. h. nach geologischen, technischen und ökonomischen Gesichtspunkten, beurteilt werden sollen. Man war sich auch darüber klar, daß eine exakte ökonomische Beurteilung besonders schwierig und kurzfristig nicht durchführbar war. So mußten ergänzende Bestimmungen angekündigt (Klassifikation Pkt. IV, § 6, Abs. 1 u. 2) und vorläufige Entscheidungen (z. B. Steinkohlen-Instruktion 4.251) in die Instruktionen eingearbeitet werden.

Die Klassifikation wird seit 1956 angewendet, und zahlreiche Lagerstätten wurden danach beurteilt und der Wirtschaft übergeben. Anfang 1960 war aber mit der Ausarbeitung von Richtlinien, in denen das Vorratsverhältnis bzw. die organische Zusammensetzung der Vorräte nach Mineralen und Lagerstättentypen festgelegt ist, noch nicht begonnen worden.

[1]) Vom Verf. hervorgehoben.

Hier gilt es, in der nächsten Zeit unter Ausnutzung der Erfahrungen der sozialistischen Länder für unsere Wirtschaft die entsprechenden Richtlinien auszuarbeiten, um so die Möglichkeit von Fehlinvestitionen weiter einzuschränken. Die einheitliche Festlegung von „vorläufigen" Grenzwerten für Qualität, Mindestmächtigkeit und -gehalt für einen Rohstoff (Steinkohle) oder Lagerstättentyp (bei Kalisalzen bis 1959) bei unterschiedlichen Verarbeitungsverfahren und -anlagen kann zwar eine Vorratsbilanz ermöglichen, aber aus dieser Vorratsbilanz sind nicht die derzeitig wirtschaftlich gewinnbaren Vorräte ersichtlich. Nur die Vorräte, die nach den Anweisungen der Zentralen Vorratskommission als Bilanzvorräte bezeichnet werden, dürfen — außer den Vorräten der Klasse C_2 — den Investitionsvorhaben zugrunde gelegt werden.

Die oben aufgeführten Forderungen der Klassifikation (s. II, § 4, Abs. 1), nach denen die Bilanzvorräte den „industriellen Anforderungen für Abbau und Verarbeitung" genügen müssen, sind nach Meinung des Verf. dahingehend zu verstehen, daß Bilanzvorräte wirtschaftlich nutzbare Vorräte sind. Die „industriellen Anforderungen" sollen die wirtschaftliche Nutzung beinhalten. Bei der für 1960 vorgesehenen Überarbeitung der Klassifikation und Herausgabe als DDR-Standard ist es angebracht, unzureichende Formulierungen zu beseitigen.

In unseren Steinkohlenwerken wird die in der Instruktion (s. oben unter 4.251) festgelegte „Bauwürdigkeitsgrenze" als solche nicht gewertet, da sie nicht real ist. Die jetzigen wirtschaftlichen Anforderungen sind wesentlich höher. Ähnlich sieht es auch in anderen Industriezweigen aus.

So haben die Kaliwerke ihre Vorräte in der Zeit von 1957—1959 nach Grenzwerten bilanziert, die den wirtschaftlichen Anforderungen nicht entsprachen. So lag 1958 im Kaliwerk „Ernst Thälmann" in Merkers der industrielle Minimalgehalt des Fördergutes um ca. 2% K_2O niedriger als der Wert, der eine wirtschaftliche Verarbeitung gerade noch gestattete. Im Kaliwerk Volkenroda lag 1958 der industrielle Minimalgehalt um 3,8% K_2O unter dem für die technologische Verarbeitung notwendigen Mindestgehalt und mit 4,8% K_2O unter dem Gehalt, der zur Zeit eine wirtschaftliche Verarbeitung zuläßt.

Aus diesen Beispielen, denen auch aus anderen Industriezweigen noch zahlreiche weitere hinzugefügt werden könnten, ist ersichtlich, daß die Bestimmung der Klassifikation I. Teil, § 1, Abs. 1 u. 2 (s. o.) nicht erfüllt war und die Beurteilung der Lagerstätten schematisch — von den tatsächlichen wirtschaftlichen Anforderungen losgelöst — durchgeführt wurde.

Verf. ist der Meinung, daß „vorläufige" Industriekonditionen, die zwangsläufig die Zeit bis zur Erarbeitung ökonomisch begründeter Konditionen überbrücken müssen, keine „gegriffenen Werte" oder vereinheitlichte, vorwiegend technisch begründete Grenzwerte darstellen dürfen. Sollen die „vorläufigen" Konditionen sinnvoll anwendbar sein, müssen sie den derzeitigen wirtschaftlichen Anforderungen Rechnung tragen. Diese Anforderungen sind weitgehend im Siebenjahrplan festgelegt und zum Gesetz geworden. Nur unter Beachtung dieser Forderungen besteht die Möglichkeit, bei den Vorratsberechnungen Bilanzvorräte, d. h. Vorräte, die wirtschaftlich verarbeitet werden können, von den Außerbilanzvorräten (die den wirtschaftlichen Anforderungen z. Zt. nicht genügen) abzugrenzen.

Für die Vorratsberechnungen mit Stand vom 1. 1. 1960 wurden erstmalig in größerem Rahmen von den Betrieben unter Anleitung der Zentralen Vorratskommission (z. B. für die gesamte Kaliïndustrie und zahlreiche Betriebe der NE-Metallindustrie) vorläufige Industriekonditionen erarbeitet. Diese tragen den derzeitigen wirtschaftlichen Anforderungen weitgehend Rechnung und werden von der Staatlichen Plankommission bestätigt. Die auf dieser Grundlage angefertigten Vorratsbilanzen enthalten erstmalig weitgehend reale Angaben über die bauwürdigen Vorräte (=Bilanzvorräte) und den Vorratsvorlauf der einzelnen Betriebe. Dies wirkt sich günstig auf die Verteilung der Erkundungsmittel innerhalb der Industriezweige aus.

In Betrieben, in denen für Rekonstruktion oder Erweiterung der Anlagen Investitionen vorgesehen sind, müssen die Bilanzvorräte der Klassen A_2—C_1 den Investitionsaufwand rechtfertigen. Eine falsche Bewertung der Vorräte kann zu bedeutenden Fehlinvestitionen führen.

Für die Wirtschaft der Deutschen Demokratischen Republik wäre es sicher von Vorteil gewesen, wenn auf der Grundlage einer einheitlichen Methodik eine ökonomische Beurteilung unserer Lagerstätten vor der Erarbeitung des Siebenjahrplanes abgeschlossen und ihm dieseErg ebnisse zugrunde gelegt worden wären. Es bedarf keiner näheren Erläuterung, daß hierfür die Voraussetzungen fehlten. So ist zumBeispiel die Arbeit an den Industriezweigökonomiken z. Zt. noch nicht beendet.

Tatsache ist aber, daß der Siebenjahrplan Gesetz ist und die wirtschaftlichen Anforderungen an unsere Lagerstätten durch die Planauflagen der einzelnen Industriezweige indirekt in ihm festgelegt sind.

Die Aufschlüsselung des Planes auf die einzelnen Betriebe und damit die unterschiedliche Nutzung der einzelnen Lagerstätten hatte keine ausreichende ökonomische Beurteilung der Lagerstätten zur Grundlage, d. h., die Lagerstätten konnten bei der Planaufstellung und Aufschlüsselung zum Teil nicht ihren Merkmalen und Eigenheiten entsprechend berücksichtigt werden. Um zu vermeiden, daß durch eine Annäherung der vorläufigen Industriekonditionen an die Planauflage falsche Proportionen hinsichtlich der Nutzung der einzelnen Lagerstätten für längere Zeit sanktioniert werden, ist es notwendig, bei Lagerstätten, deren Außerbilanzvorräte einen großen Bereich (z. B. Kalisalzvorräte von 6—12% K_2O) erfassen, die nahe den Bilanzvorräten liegenden Vorräte (z. B. 10—12% K_2O) gesondert auszuweisen. Dadurch besteht die Möglichkeit, die Vorräte, die nahe der jetzigen Wirtschaftlichkeitsgrenze liegen, einzuschätzen und im Hinblick auf die Belastung der Lagerstätte durch den Abbau Korrekturen kurzfristig durchzuführen.

Ökonomisch begründete Industriekonditionen

Die Zentrale Vorratskommission hat in ihrer Sitzung am 26./27. 4. 1960 die Diskussion zur Erarbeitung ökonomisch begründeter Industriekonditionen begonnen. Verf. legt in den folgenden Ausführungen seine Meinung zu diesem Problem dar und nimmt zu den Diskussionen der Zentralen Vorratskommission Stellung.

Die Erarbeitung ökonomisch begründeter Industriekonditionen stellt eine wissenschaftliche Aufgabe dar und erfordert eine theoretische Methodik. Mit den Vorarbeiten zu dieser Methodik wurde Ende 1959 bei der Zentralen Vorratskommission in Zusammenarbeit mit der Staatlichen Plankommission und der Industrie begonnen. Bei der Zentralen Vorratskommission wurde neben der Kontroll- und methodischen Abteilung eine Abteilung für Industriekonditionen und Lagerstättenpflege geschaffen. Jedoch ist vor Ende 1960 nicht mit der Ermittlung der ersten ökonomisch begründeten Industriekonditionen zu rechnen. Der Fortschritt dieser Arbeiten hängt im wesentlichen von der Unterstützung und Mitarbeit der Industriezweige und ihrer Projektierungs- und Forschungsinstitute ab.

Da man bei der Ausarbeitung begründeter Industriekonditionen vom Bedarf der Wirtschaft an Rohstoffen ausgehen muß, ist es Aufgabe der Staatlichen Plankommission, unter Berücksichtigung des Grundgesetzes des Sozialismus den Rohstoffbedarf zu ermitteln und festzulegen. Der Bergbau muß die Voraussetzungen dafür schaffen, daß er oder ein zentrales Organ Auskunft darüber geben kann, mit welchem Aufwand er den geforderten oder einen größeren bzw. kleineren Bedarf (mehrere Varianten, bei denen auf die wirtschaftlichste hingewiesen wird) decken kann. Die Plankommission entscheidet dann, welcher Aufwand wirtschaftlich vertretbar ist, d. h., ob der gesamte Rohstoffbedarf vom Bergbau des eigenen Landes gedeckt werden soll oder ob es günstiger ist, einen Teil aus dem Ausland einzuführen. Entsprechende Entscheidungen sind auch für die Produktion von Exportgütern (z. B. für die Kaliindustrie) zu treffen.

Welcher Art sind die vom Bergbau zu schaffenden Voraussetzungen?

Verf. ist der Meinung, daß die Betriebe zu den auf der Grundlage „vorläufiger“ von der Staatlichen Plankommission bestätigter Industriekonditionen angefertigten Vorratsberechnungen entsprechend der Betriebsplanung (Abbauplanung) Vorratsbewertungen durchführen müßten. Fast alle Betriebe führen derartige Bewertungen in der einen oder anderen Form — im Kalibergbau anders als im Kupferschieferbergbau — bei der Projektierung und Betriebsplanung bereits durch.

Die entsprechend den Instruktionen der Zentralen Vorratskommission umgrenzten Vorratsblöcke werden in die geplanten Abbaublöcke unterteilt. Die Abbaublöcke (Vorräte der Klassen A_2—C_2) eines Revieres, einer Sohle usw. werden so zusammengefaßt, wie ihr Abbau im Betriebsplan vorgesehen ist. So besteht die Möglichkeit, die bei Aufschluß eines Revieres anfallenden Kosten für Fördermittel, Maschinen, Elektroinstallation u. a. auf die gesamten Bilanzvorräte des Revieres, der Sohle usw. umzulegen. Hinzu kommen noch die Kosten für Gewinnung und Verarbeitung unter Berücksichtigung der Arbeitsbedingungen, Förderwege usw. Muß z. B. der Schacht weitergeteuft werden, so sind diese Kosten ebenfalls auf die Vorräte zu schlagen, die durch die neuen Sohlen für den Abbau aus- und vorgerichtet werden.

Infolge komplizierter geologischer Verhältnisse kann der Abbau bestimmter Vorräte mit sehr hohen Kosten verbunden sein. Auch hier müssen die Kosten pro Tonne Metall usw., evtl. mittels Erfahrungswerte, abgeschätzt werden und in die Bewertung des Vorrates eingehen.

Die Abbaublöcke werden dann für jedes Revier, jede Sohle usw. gesondert (ohne Unterschied, ob A_2, B, C_1 und C_2), nach der Höhe der Kosten für die Gewinnung pro Tonne Metall geordnet, zusammengestellt. LUNGWITZ hat bereits 1958 auf der Arbeitstagung über Fragen der Vorratsklassifikation vorgeschlagen, die Erzvorratsberechnungen durch eine Gestehungskostenkalkulation je Tonne Metall (für jeden Abbaublock) zu ergänzen. Zur Vorratssumme wird dann der Anteil der Vorräte in den einzelnen Vorratsklassen in Prozenten angegeben.

Inwieweit es sinnvoll ist, die Reviere bzw. Sohlen usw. nach den durchschnittlichen Gewinnungskosten pro Tonne Metall, Kali usw. zu ordnen, ist von Fall zu Fall zu prüfen.

In den Zusammenstellungen müssen dann die durchschnittlichen Gewinnungskosten pro Tonne Metall usw. für

a) den Gesamtvorrat (A_2—C_2) der Lagerstätte,
b) den Vorrat eines Revieres, einer Sohle usw.,
c) den Abbaublock

angegeben werden.

Der Lagerstättenbewertung ist eine Übersicht der Zusammensetzung der Gesamtkosten beizufügen. Die Lagerstättenbewertung darf aber nicht dazu führen, daß ein Betrieb infolge zu hoher, durch eine veraltete Aufbereitungsanlage oder einen zu großen Verwaltungsapparat bedingter Kosten Lagerstättenteile herabwertet und so die Lagerstätte weniger rationell nutzt.

Die Abteilung Industriekonditionen und Lagerstättenpflege der Zentralen Vorratskommission kann durch Betriebsvergleiche und Übersichten Disproportionen zwischen Vorräten und Kosten bzw. Planauflage der einzelnen Betriebe feststellen.

Betriebe, denen durch die technische Ausrüstung bereits Grenzen in ihrem Produktionsumfang gesetzt sind, müssen bei der Lagerstättenbewertung darauf hinweisen und entsprechende Verbesserungsvorschläge beifügen. Beispiel: Ein Schacht hat die maximale Förderleistung schon seit vielen Jahren erreicht; eine Steigerung der Förderung ist nur durch Umbau auf Skipförderung möglich. In diesem Falle wird man der für den Umbau notwendigen Investsumme die Bewertung der Vorräte gegenüberstellen und die Investition zuerst in dem Betrieb durchführen, wo sie z. B. auf Grund der Lagerstättenverhältnisse am wirksamsten ist und am schnellsten amortisiert wird.

Die Lagerstättenbewertung kann in Verbindung mit der Industriezweigökonomik und anderen Untersuchungen zur Prüfung und Begründung der „vorläufigen" Konditionen herangezogen werden. Die Abgrenzung der Bilanzvorräte erfolgt dann in jedem Betrieb (= jeder wirtschaftlichen Einheit), jedem Kombinat usw. nach dem industriellen Minimalgehalt, der die durchschnittliche Planauflage des Siebenjahrplanes berücksichtigen muß. Im Siebenjahrplan vorgesehene Rekonstruktionen, Neubauten und Aufbereitungsanlagen, Fabriken usw. sind entsprechend den Untersuchungsergebnissen der großtechnischen Versuche zu berücksichtigen. Durch die Angabe einer oberen Grenze für die Gewinnungskosten pro Tonne Metall aus dem Abbaublock wird die für Bilanzvorräte geforderte wirtschaftliche Gewinnbarkeit weitgehend gesichert. Wird die Vorratsberechnung eines Betriebes durch eine Selbstkostenberechnung der Abbaublöcke ergänzt, so dient diese Aufstellung der Vorräte u. a. dem Betrieb zur Abbauplanung und zur Einhaltung der vorgegebenen Kosten. Ferner ermöglicht sie die ökonomische Einschätzung der geologischen Eigenheiten und bergtechnischen Bedingungen der Lagerstätte. Letzteres benötigt die Staatliche Plankommission, um die Richtigkeit der Lagerstättennutzung einzuschätzen.

Vorratsverluste, die innerhalb einer Planperiode bis zum Einsatz der moderneren Technik entstehen, werden als Werkverluste ausgewiesen. Die Abgrenzung der Bilanzvorräte muß die Planerfüllung nach Tonnen Erz, Konzentrat und Metall sowie die Einhaltung der Kosten ermöglichen. Vorräte für weitere Siebenjahrpläne (oder andere Wirtschaftspläne) werden nach den gleichen Gesichtspunkten und Maßstäben bewertet.

Über die Ausarbeitung von Industriekonditionen für die geologische Erkundung bestehen andere Vorstellungen. Für die Erkundung müssen Erkundungskonditionen vorgegeben werden. Diese werden auf der Grundlage der modernsten Technik (Weltniveau) erarbeitet und mit Ergebnissen des modernsten Betriebes der Welt begründet und enthalten Angaben über Mindestmenge, Mindestgehalt, maximale Teufenlage und bestimmte Forderungen hinsichtlich Abbau-, Gewinnungs- und Verarbeitungsmöglichkeiten (siehe auch Instruktionen der ZVK). Beim Aufschluß neu erkundeter Lagerstätten ist es selbstverständlich, daß die zu bauenden Anlagen und Ausrüstungen den modernsten technischen Stand besitzen.

Der Geologe, der eine Lagerstätte sucht, bekommt eine Erkundungskondition zur Orientierung vorgegeben. Wurde eine Lagerstätte erkundet, muß auf der Grundlage der wirtschaftlichen Anforderungen eine neue — den festgestellten Verhältnissen angepaßte — Kondition erarbeitet und von der Staatlichen Plankommission bestatigt werden. Nach dieser wird dann die Lagerstätte in der Vorratsberechnung bewertet und der Staatlichen Plankommission bzw. der Projektierung (Industrie) übergeben. Die Projektierung bewertet nun in Zusammenarbeit mit zentralen staatlichen Organen (Staatliche Plankommission, Zentrale Vorratskommission und andere Institutionen) die Lagerstätte nach verschiedenen Varianten hinsichtlich der Nutzung. Die endgültige Variante wird der Dimensionierung der Anlagen zugrunde gelegt. Nach den in diese Variante eingegangenen Konditionen muß eine neue Vorratsberechnung durchgeführt werden.

Verf. ist der Ansicht, daß die Lagerstättenbewertung bei in Nutzung befindlichen Lagerstätten eine wesentlich höhere Qualität aufweist, als sie durch Erkundungskonditionen gegeben werden kann. Der Umschlag in eine höhere Qualität der Konditionen vollzieht sich mit der Bewertung einer Lagerstätte nach mehreren Varianten.

Es wäre ökonomisch sicher falsch, wollte man zwischen der Bewertung einer erkundeten Lagerstätte (vor der Projektierung) und einer in Nutzung befindlichen Lagerstätte (d. h. nach einer begründeten Variante) keinen Unterschied machen.

Zusammenfassung

Ausgehend von den verbindlichen Anweisungen der Zentralen Vorratskommission für mineralische Rohstoffe der Deutschen Demokratischen Republik, wird die Bewertung der Lagerstätten einer kritischen Betrachtung unterzogen. An Hand von Beispielen aus der Industrie weist Verf. auf die unzureichende Begründung von Industriekonditionen, die zur Berechnung der Vorräte notwendig sind, hin. Unter Auswertung der vorliegenden Ergebnisse wird eine Methodik vorgeschlagen, die zur Ausarbeitung ökonomisch begründeter Industriekonditionen führen könnte.

Резюме

Исходя из обязательных указаний Центральной комиссии запасов минерального сырья ГДР оценка месторождений подвергается критическому рассмотрению. При помощи примеров промышленности автор указывает на недостаточное обоснование промышленных кондиций, необходимых для подсчета запасов. Используя эти результаты предлагается методика, которая могла бы привести к разработке экономически обоснованных промышленных кондиций.

Summary

Proceeding from compulsory instructions given by the Central Commission for Mineral Raw Material Reserves of the German Democratic Republic, the evaluation of deposits is subjected to a critical consideration. Industry is quoted by the author to show reasons insufficiently advanced for industrial conditions, which are necessary for reserve calculations. Evaluating results available, methods are proposed which could lead to an elaboration of economically founded industrial conditions.

Literatur

Klassifikation der Lagerstättenvorräte fester mineralischer Rohstoffe. – Z. angew. Geol., 2, S. 448–450 (1956).
Instruktion zur Anwendung der „Klassifikation der Lagerstättenvorräte fester mineralischer Rohstoffe"
– auf Steinkohlenlagerstätten der DDR. – Z. angew. Geol., 3, S. 260–268 (1957).
– auf Blei-Zinklagerstätten der DDR. – Z. angew. Geol., 3, S. 269–274 (1957).
– auf Kupferlagerstätten der DDR. – Z. angew. Geol., 3, S. 275–280 (1957).
– auf Schwerspat-Flußspatlagerstätten der DDR. – Z. angew. Geol., 4, S. 284–291 (1958).
– auf Braunkohlenlagerstätten der DDR. – Z. angew. Geol., 6, S. 222 bis 226 (1960).
– auf Kali- und Steinsalzlagerstätten der DDR. – Z. angew. Geol., 6, S. 330–336 (1960).
Pratzka, G.: Zu den Fragen der Bauwürdigkeit bei der Klassifikation von Lagerstättenvorräten. – Freib. Forsch.-H. C 54, Akademie-Verlag, Berlin 1958.
– Arbeitstagung über Fragen der Vorratsklassifikation. – Z. angew. Geol. 4, S. 529–535 (1958).
Stammberger, F.: Zur Festlegung der Konditionen für mineralische Rohstoffe. – Z. angew. Geol., 5, S. 458–463 (1959).
– Lagerstättenvorräte, Investitionsaufwand und ökonomischer Nutzeffekt. – Z. angew. Geol., 6, S. 27–30 (1960).

Vereinfachung der Vorratsberechnungen von Erdöl und Erdgas[1)]

M. N. Kotschetow, Moskau

Bei Vorratsberechnungen von Erdöl und Erdgas sind zahlreiche Rechnungen zur Bestimmung der Mittelwerte der Parameter der Lagerstätte und der Vorratsziffern nötig. In den meisten Fällen ist der Umfang dieser Rechnungen und damit der dazu erforderliche Aufwand nicht zu begründen. Die Vorratsziffern für Erdöl und Erdgas sind in den Vorratsberechnungen, die der Staatlichen Vorratskommission der UdSSR vorgelegt werden, in der Regel mit einer „Genauigkeit" bis zu einigen Tonnen oder Kubikmetern oder sogar Bruchteilen dieser Größen angegeben — ungeachtet der „Instruktionen zur Anwendung der Vorratsklassifikation für Erdöl- und Erdgaslagerstätten" (Gosgeoltechisdat, 1955), die vorsehen, daß Erdölvorräte auf tausend Tonnen und Erdgasvorräte auf Mill. Kubikmeter abzurunden sind. Tatsächlich bringt eine Berechnung der Vorräte bis auf einige Tonnen oder Kubikmeter keine größere Genauigkeit in die Vorratsziffern hinein, sondern kompliziert lediglich die Rechentechnik. Außerdem sind beim Umgang mit vielstelligen Zahlen grobe Rechenfehler möglich, wie schon 1947 von A. L. Koslow festgestellt wurde.

Bei Untersuchungen über die Vereinfachung des Zahlenmaterials in geologischen Berichten und besonders bei der Berechnung von Kohlenvorräten wies A. W. Tychnow im Jahre 1958 darauf hin, daß „selbst Vorräte der niedrigen Klassen auf der Grundlage von groben Orientierungswerten manchmal mit einer Genauigkeit bis zur sechsten Stelle berechnet werden".

Vereinfachtes Zahlenmaterial bei der Berechnung von Vorräten sämtlicher nutzbarer Bodenschätze führt zweifellos zu einer Einsparung an Zeit und Mitteln, ohne daß eine Verminderung der Genauigkeit und Glaubwürdigkeit der Werte eintritt.

Um die Notwendigkeit einer Vereinfachung der Berechnungen von Erdöl- und Erdgasvorräten zu begründen, müssen einige Ableitungen aus der Fehlertheorie und der Näherungsrechnung erwähnt werden.

In der Praxis werden alle Berechnungen von Erdöl- und Erdgasvorräten mit angenäherten Werten durchgeführt. Diese Näherungswerte erhält man als Ergebnis der Rechnung, des Abrundens oder der Messung. Da man bei der Wiederholung der Berechnungen unterschiedliche Ergebnisse erhält (W. U. Gribanow 1958), ist bewiesen, daß es sich nur um angenäherte Werte handelt.

Beim Abrunden genauer oder angenäherter vielstelliger Zahlen werden die dabei wegfallenden Ziffern durch Nullen ersetzt. Beim Abrunden eines Näherungswertes kommt also zu dem schon vorhandenen Fehler noch der Abrundungsfehler hinzu. Es sollen hier nicht die bekannten Regeln des Abrundens nach oben und unten betrachtet werden, sondern es wird nur an die Regel der geraden Ziffern erinnert. Ist die wegfallende Ziffer gleich der Hälfte der letzten beibehaltenen Einheit, so bleibt die Ziffer dieser Einheit unverändert, wenn sie gerade ist und vergrößert sich um eins, wenn sie ungerade ist.

Beim Rechnen mit angenäherten Werten muß man ihre Genauigkeit berücksichtigen. So sind bei Addition und Subtraktion den Abrundungsregeln entsprechend im Resultat die Ziffern derjenigen Einheiten von rechts beginnend zu verwerfen, die — und wenn auch nur in einer Zahl — in den angenäherten Werten nicht vorhanden waren (W. U. Gribanow 1958). Diese Regel ist richtig, wenn bekannt ist, bis zu welcher Ziffer mit Wert der mit Nullen endende Näherungswert abgerundet ist. So muß z. B. bei der Ermittlung der Gesamtfläche eines erdölführenden Gebietes, die sich aus einzelnen Teilflächen zusammensetzt, das Endergebnis bis auf jene Stellen abgerundet werden, die in der am meisten „ungenauen" Zahl vorhanden sind. Dabei muß klar sein, daß in einer „ungenauen" Zahl die Nullen von der rechten Seite her keine Ziffern mit Wert darstellen.

Beispiel: $F = f_1 + f_2 + f_3 + f_4$,

F — erdölführende Gesamtfläche in ha;
f_1, f_2, f_3 und f_4 — erdölführende Teilflächen in ha;
$f_1 = 1200$ ha, $f_2 = 134$ ha, $f_3 = 37{,}5$ ha, $f_4 = 300$ ha.
Die Summe der Teilflächen beträgt 1671,5 ha.

Weil die Summanden Näherungswerte darstellen, so ist auch ihre Summe ein Näherungswert. Da in einigen Summanden der Wert für die Zehner, Einer und Zehntel nicht bekannt ist, muß das Ergebnis auf ganze Hunderter aufgerundet werden, so daß sich eine Gesamtfläche von 1700 ha ergibt.

[1)] Aus: „Geologija Nefti i Gasa", H. 12, 1959. Übers.: Dr. Bintig

Das Ergebnis dieser Addition läßt sich anschaulich darstellen, indem die unbekannten Zehner- und Einerwerte in den Summanden durch das Zeichen x ersetzt werden. Man erhält dann

$$\begin{array}{r} 12xx,x \\ +\ 134,x \\ +\ 37,5 \\ +\ 3xx,x \\ \hline 16xx,x \end{array}$$

Unter Berücksichtigung der in der Summe bekannten Zehner und Einer ergibt sich ein Endwert von $1671,5 \approx 1700$ ha.

Es wird also bei Addition und Subtraktion von Näherungswerten das Resultat abgerundet, indem die unbekannten Zehner und Einer durch Nullen ersetzt werden. Bekanntlich gelten als Ziffern mit Wert die Zahlen 1, 2, 3, ... 9; Nullen sind dann Ziffern mit Wert, wenn sie zwischen anderen Ziffern mit Wert stehen. Nullen am Anfang oder Ende der Zahl jedoch gelten nicht als Ziffern mit Wert — mit Ausnahme des einen Falles, daß eine Null am Ende in jener Einheit steht, bis zu der die Genauigkeit der Zahl gegeben ist, d. h. also dann, wenn die Null sich noch innerhalb der gegebenen Genauigkeitsgrenze befindet (W. U. GRIBANOW 1958).

Bei Multiplikation und Division von Näherungswerten müssen im Resultat ebenfalls so viel Ziffern mit Wert beibehalten werden, wie das Glied mit der kleinsten Anzahl von Ziffern mit Wert aufweist. Beträgt z. B. die erdölführende Fläche $F = 1700$ ha und die Mächtigkeit der erdölgesättigten Schicht $h = 15,7$ m, so ergibt sich das Volumen V dieser Schicht zu

$$V = F \cdot h = 1700 \cdot 10^4 \cdot 15,7 = 26690 \cdot 10^4 \text{ m}^3 \sim 27000 \cdot 10^4 \text{ m}^3$$

Um das darzustellen, sollen jetzt die nicht belegten Ziffern für die Zehner und Einer der Fläche durch das Zeichen x ersetzt werden. Man erhält

$$V = 17xx \cdot 10^4 \cdot 15,7 = 26xxx \cdot 10^4$$

oder unter Berücksichtigung der bekannten Ziffern für die Hunderter und Zehner

$$V \sim 27000 \cdot 10^4 \text{ m}^3$$

Das Beispiel kann auch als Multiplikation eines Näherungswertes ($1700 \cdot 10^4$) mit einer genauen Zahl (15,7) angesehen werden. Auch dabei wird jedoch die Anzahl der Ziffern mit Wert im Näherungswert und nicht die in der genauen Zahl berücksichtigt. Bei der Anwendung der obenangegebenen Regel erhält man ein Ergebnis mit ausreichender Genauigkeit und vermeidet außerdem überflüssige Ziffern, wodurch der Rechengang vereinfacht wird.

Bei Multiplikation mehrerer Näherungswerte oder bei aufeinanderfolgenden Divisionen mit mehreren Divisoren summieren sich beim Abrunden der Ergebnisse der Zwischenrechnungen die Abrundungsfehler und können dann insgesamt das Endresultat merklich beeinflussen. Man kann jedoch nach W. M. BRADIS (1932) diesen Einfluß fast vollständig ausschalten, wenn in allen Zwischenergebnissen eine Ziffer mehr angegeben wird, als in den Regeln empfohlen. Im Endergebnis fällt diese zusätzliche Ziffer dann entsprechend den Abrundungsregeln weg.

W. U. GRIBANOW (1958) stellte nun folgende Regel auf: „Beim Rechnen mit Näherungswerten muß in den Ergebnissen der Zwischenrechnungen eine Stelle mehr angegeben werden, als in den Regeln für die Ergebnisse von Einzelrechnungen gefordert wird. Dabei werden bei der Bestimmung der Anzahl der Ziffern mit Wert in den Zwischenergebnissen die Zusatzziffern in den Zahlen nicht berücksichtigt; im Endresultat wird die Zusatzziffer ebenfalls nicht angegeben.“

Im Hinblick auf die Genauigkeit der Ausgangswerte bei Vorratsberechnungen von Erdöl kann man folgendes bemerken:

Die Abteilung für Markscheidewesen des WNII (E. F. FROLOW 1957 und 1958) wies nach, daß bei einer Mächtigkeitsbestimmung an Hand eines Diagrammes der elektrischen Bohrlochmessung im Maßstab 1:500 in einer Bohrung der mittlere quadratische Fehler in Abhängigkeit von der Anzahl der Zwischenmittel (1—5) von $\pm$ 0,45 bis $\pm$ 1 m schwankt. An Hand einer Isopachenkarte kann die mittlere Mächtigkeit mit einer Genauigkeit von $\pm$ 0,5 m ermittelt werden. Daher ist bei der Berechnung von Erdölvorräten nach der Volumenmethode der Mächtigkeitswert auf ganze Meter abzurunden.

Die Genauigkeit der Porositätsbestimmung am Handstück beträgt $\pm$ 1%; folglich ist der Wert für die Porosität auf ganze Prozente abzurunden. Das gleiche gilt auch für den Koeffizienten der Erdölsättigung.

An praktischen Beispielen soll nun die Zweckmäßigkeit des Abrundens von Näherungswerten bei der Berechnung von Erdölvorräten gezeigt werden.

Die auszubringenden Vorräte an Erdöl der Klassen A_2 und B in den Semilukskier Schichten der Lagerstätte von Sokolowogorsk (M. F. GOLOWATAJA u. a. 1957) wurden mit einer Genauigkeit bis zu einer Zehntel Tonne berechnet. Dabei wurde die Fläche der Erdölführung jedoch nur mit einer Genauigkeit bis auf 0,1 km², die Porosität bis auf 1% usw. bestimmt. Außerdem traten bei der Messung der Flächen der Erdölführung der Klassen A_2 und B technische Fehler auf, die 64 bzw. 58% des wahren Flächenwertes betrugen.

Bei der Berechnung der Erdölvorräte der Lagerstätte von Shirnowsk (A. G. STREMSKIJ u. a. 1957) wurden die Vorräte der Klassen B, C_1 und C_2 mit einer Genauigkeit bis auf hundert Tonnen angegeben. Die Rechnungen mit den umfangreichen Zahlen führten jedoch zu technischen Fehlern. Außerdem rundeten die Verfasser, die eine solche Genauigkeit der Vorratsziffern anstrebten, die Ausgangswerte sehr weit ab. So wurde z. B. die mittlere Porosität der zweiten Schicht des oberbaschkirischen Horizontes von 22,7% willkürlich auf 20% abgerundet.

Eine Einschätzung der Genauigkeit der Vorratsberechnung von Erdöl (E. F. FROLOW 1958) der ersten Schicht des oberbaschkirischen Horizontes der Lagerstätte zeigte, daß der mittlere quadratische Fehler für die Klasse B $\pm$ 22% und für die Klasse C_1 $\pm$ 25% betrug.

Die Verfasser wendeten also ohne Erfolg sehr viel Arbeit für die Rechnungen mit umfangreichen Zahlen auf, ohne dabei jedoch — wie auch zu erwarten war — die Genauigkeit der Vorratsziffern zu erhöhen.

Aus dieser kurzen Darlegung über die Genauigkeit der Vorratsziffern für Erdöl und Erdgas ist ersichtlich, daß Fragen der Genauigkeit und Vereinfachung der Vorratsberechnung eine große Bedeutung haben, weil durch ihre richtige Lösung die Arbeitsproduktivität eines großen Kollektivs von Erdölgeologen gesteigert wird. Offensichtlich ist jetzt der Zeitpunkt gekommen, eine entsprechende Instruktion über die Methodik und Technik der Vorratsberechnungen von Erdöl und Erdgas auszuarbeiten.

Zusammenfassung

Verf. legt an Hand von Beispielen dar, daß bei der Berechnung von Erdöl- und Erdgasvorräten die Verwendung abgerundeten Zahlenmaterials Zeit und Mittel einsparen hilft, ohne die Genauigkeit der erhaltenen Werte zu vermindern.

Резюме

Автор объясняет на основе примеров, как помогает экономить время и средства применение округленного цифрового материала, без того, чтобы точность полученных цифр уменьшилась.

Summary

Examples are given by the author to show a saving of time an money, with no reduction of accuracy of the results obtained, by using rounded off data in the calculation of petroleum and natural gas reserves.

Literatur

BRADIS, W. M.: Wie muß gerechnet werden. — Utschpedgis, 1932.
FROLOW, E. F.: Methodik der Geometrisation von Erdöllagerstätten des Tafeltyps und die Vervollkommnung der Methodik der markscheiderischen Arbeiten. — Bericht zum Thema 13. Fonds des WNII, 1957.
— Vervollkommnung der Methodik der markscheiderischen Arbeiten und der bergbaulich-geometrischen Darstellungen im Zusammenhang mit der Erkundung und einem rationellen Abbau der Erdöl- und Gaslager für die Lagerstätten des Wolga-Uraler erdölführenden Gebietes. — Bericht zum Thema 12. Fonds des WNII, 1958.
GOLOWATAJA, M. F. u. a.: Die Berechnung der Vorräte an Erdöl und Erdgas in karbonatischen Speichern der Semilukskier Schichten der Lagerstätte von Sokolowogorsk. — WGF, Saratow 1957.
GRIBANOW, W. U.: Näherungsrechnungen in der Mittelschule. — Utschpedgis, 1958.
KOBRANOWA, W. N. & N. D. LEPARSKAJA: Bestimmung der physikalischen Eigenschaften von Gesteinen. — Gostoptechisdat, 1957.
KOSLOW, A. L.: Klassifikation und Methodik der Vorratsberechnung von Naturgasen. — Gostoptechisdat, 1947.
STREMSKIJ, A. G. u. a.: Die Vorratsberechnung von Erdöl und Erdgas auf der Lagerstätte von Shirnowsk. — WGF, Shirnowsk 1957.
TYCHNOW, A. W.: Vereinfachung des Zahlenmaterials in geologischen Berichten. — Raswedka i Ochrana Nedr, Nr. 4, 1958.

Chemisch-physikalische Fragen bei Erdölbohrungen, bei der Förderung und Aufbereitung von Erdöl

Bericht über die II. Wissenschaftliche Konferenz der Erdölinstitute Polens, der ČSSR und Ungarns in Krakau vom 30. 11.—5. 12. 1959

B. HEYNE, E. P. MÜLLER, H. SAUPE & K. SCHULZE, Gommern

Die folgenden Ausführungen sollen einen Überblick über die Vortragsthemen der Sektion B und C, Chemie der Erdölförderung und Chemie der Erdölbohrungen, geben. Die in diesen Sektionen diskutierten 18 Beiträge behandelten physikalische Darstellungen, z. B. Sekundärförderverfahren sowie Erdölaufbereitungsprobleme, Trocknung von Gas, Separation von Erdgasen in Tiefkälteeinheiten, chromatographische Methoden zur Analytik von schweren Kohlenwasserstoffen, Zement und Erdöldickspülungen, Fragen der Wärme- und Elektrolytstabilität. Die Arbeitsergebnisse lagerstättenphysikalischer Probleme wurden fast ausschließlich von tschechoslowakischen Fachleuten vorgetragen.

So berichtete JURANEK über die thermische Sekundärförderung an einer tschechoslowakischen Öllagerstätte mit hochviskosem Öl. Sekundärförderung mit Wasserinjektion, also Fluten, verspricht bei Lagerstätten solchen Typs wenig Erfolg. Der Durchbruch des Wassers von der Injektionssonde zur Fördersonde verläuft infolge des ungünstigen Mobilitätsverhältnisses der beiden Phasen — Öl und Wasser — zu rasch, so daß die Ölausbeute zu gering ist. Die Methoden, die die Viskosität des Wassers oder des Öls durch bestimmte Zusätze in die injizierte Phase oder durch Verwendung von Kohlenwasserstoffen als Injektionsphase verändern, sind zu kostspielig. Es erwies sich als wirtschaftlicher, die Viskosität des Öls durch Temperaturerhöhung mittels Heißdampfinjektion herabzusetzen.

Im Laboratorium wurden Verdrängungsversuche an zylinderförmigen, mit Öl gesättigten Gesteinsmodellen vorgenommen. Aus diesen Modellen wurde Öl unter Druck- und Temperaturbedingungen, die den Lagerstättenverhältnissen entsprechen, durch Wasser- und Dampfeinpressungen gewonnen.

Daten der Lagerstätte:

Tiefe 40—60 m (tortonische Sande und Schotter), Temperatur 12°, Dichte des Öls 0,975 g/cm³, Mächtigkeit des Speichers 5—23 m, Permeabilität 3000—8000 md.

Die tägliche Ölausbeute der Sonden bei Primärförderung betrug bis zu 0,070 t, das Förderleistungsvermögen der Lagerstätte bis zu 20%.

Man preßte in die Lagerstätte Heißdampf bei 150°C ein und maß die Temperatur in einzementierten Meßsonden mit Widerstandsthermometern. Nachdem sich in einer gewissen Entfernung von der Einpreßsonde stationärer Zustand eingestellt hatte, wurden 155 kg/Std. Dampf bei 4,5 at eingepreßt, das entspricht $2{,}45 \cdot 10^6$ kcal/24 Std. Die Isothermen, die durch die Meßsonden verfolgt werden konnten, verliefen birnenförmig. Das Injektionsprogramm wurde ein Jahr lang ausgeführt. Dabei steigerte sich die Monatsausbeute an Öl auf 1500 bis 2800%. Das zusätzlich gewonnene Erdöl befand sich in 1000 m³ Lagerstättenvolumen, von dem ca. 800 m³ auf 100°—120° erhitzt wurden. Ein Vergleich der kalorischen Werte des geförderten Erdöls und des eingepreßten Dampfes ergab einen Effekt von 650%.

Das tschechoslowakische Beispiel einer Dampfinjektion bei hochviskosem Öl ist sehr instruktiv. Eventuell ist das Verfahren auch für deutsche Verhältnisse von Interesse, unter Umständen dort, wo hohe Paraffingehalte vorliegen und eine thermische Behandlung der Lagerstätte zur Verhinderung der Paraffinausscheidung führen kann.

Ausführungen von HEMALA über die Bewertungsmethode der Förderleistung von Gassonden enthielten den Vorschlag, eine quadratische Gleichung der Form

$$P^2 = aQ + bQ^2 + c$$

anzuwenden, wobei P^2 die Differenz der Quadrate der statischen und dynamischen Drücke ist, Q Ergiebigkeit in m³/24 Std.; a, b, c sind Konstanten, die Sondenzustand, Strömungsbedingungen und Anwesenheit von Liegendwasser in Rechnung stellen. Die Gleichung kann zur Berechnung der wirklichen Förderleistung aus dem Druckverlauf am Bohrlochkopf verwendet werden. Die Konstanten werden aus Fördertesten ermittelt. Sind diese bekannt, so ist es möglich, die Förderleistung der Sonde bei vorgegebener Depression vorauszusagen.

SZADAJ (Polen) berichtete über die Aufbereitung des Wassers zum Fluten von Erdöllagerstätten. Zum Wasserfluten des Erdölfeldes Turaszowka wurde Lagerstättenwasser aus dem benachbarten Feld Potok angewandt, nachdem das Erdöl in speziellen Fangbecken abgeschieden wurde. Verbliebene Reste von Erdöl sowie die mechanischen Verunreinigungen wurden durch Ausflockung mit einer 1-%igen Aluminiumsulfatlösung in der Menge von 25 ml pro Liter Wasser und Filtration durch Sandfilter entfernt. Eine Fällung der Eisenverbindungen wurde durch Bewegung des Wassers, das das Flockungsmittel enthält, mit Druckluft erzielt. Als Stabilisierungsmittel des Wassers und zum Korrosionsschutz diente Natriumhexametaphosphat in der Menge von 10 mg/l. Der Einfluß der die Oberflächenspannung des Wassers herabsetzenden Mittel, wie Nekalin, Mersolane, Phenol-Terpentin, Demulgator und Natriumkarbonat, wurde untersucht. Die besten Ergebnisse wurden bei Zugabe von 0,1% Natriumkarbonat erzielt. Die Erdölförderung stieg in diesem Fall um 13% im Vergleich zu der Erdölmenge, die mit unbehandeltem Wasser geflutet wurde. Das eingepreßte Wasser besaß einen viel geringeren Mineralisationsgrad (6 g/l) als das Lagerstättenwasser des Erdölfeldes Turaszowka (25 g/l). Dadurch wurde die Bestimmung des Vordringens des eingepreßten Wassers erleichtert. Außerdem wurden die Einpreßsonden mit Fluoreszin geimpft. Durch Wasseranalyse und Fluoreszinimpfung konnte festgestellt werden, wie weit die Wasserfront zur nächsten fördernden Bohrung vorgedrungen ist.

POMYKALA (Polen) referierte über Erdgastrocknungen unter hohem Druck, die im Petroleum-Institut in Krosno seit 1956 durchgeführt werden. Die Trocknung von Erdgasen ist im halbtechnischen Maßstab bei ca. 70 at mit festen Adsorbenzien wie Silikagel und aktiviertem Aluminiumoxyd durchgeführt worden. Beide Adsorbenzien bewirken eine Tieftrocknung des Gases. Allerdings zeigt aktiviertes Aluminiumoxyd bessere Eigenschaften infolge seiner hohen mechanischen Festigkeit und niedriger Belastung mit Kohlenwasserstoffen. Auf Grund verschiedener Versuche wurde der Durchbruchspunkt des im Gas enthaltenen Wasserdampfes bei einer Belastung des Silikagels mit 8 Gew.-% Wasser und ca. 7 Gew.-% Gasolinkohlenwasserstoffe bestimmt, während das aktivierte Aluminiumoxyd im Durchbruchspunkt mit Wasser bis 12 Gew.-% und mit schweren Kohlenwasserstoffen bis 2 Gew.-% belastet war. Die Regeneration der verbrauchten Adsorbenzien erfolgte mit heißem Gas bei 180 — 200° C und 35 bzw. 17 at. Während der Versuche zeigten sich keine deutlichen Verminderungen der Adsorptionsfähigkeit der Trocknungsmittel nach der Regeneration.

VOJTA und HERGER (ČSSR) sprachen über Erfahrungen mit Tiefkälte-Separationseinheiten auf einer tschechoslowakischen Gaslagerstätte. Das Gasolin ist bisher auf eine wenig ökonomische Art durch einstufige Gasseparation gewonnen worden. Es wurden die Möglichkeiten behandelt, die zu einer wesentlichen Erhöhung der Gasolinausbeute auf den gegebenen Gaslagerstätten führen würden. Von diesen wurden die Tiefkältetrennung mit Erhitzen von Hydranten ohne Vorkühlung, ferner mit Erhitzen von Hydranten mit Vorkühlung und schließlich die Tiefkältetrennung mit Glykoleinführung und Vorkühlung kurz beschrieben. Weiterhin wurden Angaben über die Realisation der Tiefkälteseparationseinheiten, Erfahrungen mit deren Betrieb sowie die ökonomischen Ergebnisse im Hinblick einer weiteren Erhöhung der Gasolinausbeute aus Erdgasen mitgeteilt.

Sehr wichtig bei der Analyse von Erdgasen ist die Bestimmung des Gasolinanteils. Dieser kann entweder auf dem klassischen Weg der Gasanalytik oder durch thermochromatographische Analyse ermittelt werden. Durch die schwankenden Gasolingehalte von Erdgasen, die in der Größenordnung von 1 gr/m³—200 gr /m³ variieren können, ergeben sich erhöhte Schwierigkeiten bei der Analyse von Erdgasen. Das wird besonders bei geochemischen Gasuntersuchungen deutlich, in denen oft Spuren von schweren Kohlenwasserstoffen zu bestimmen sind. Durch TOTH & GRAF (Ungarn) wurde eine neue Methode zur Bestimmung des Gasolinanteils von Erdgasen durch Kombination der Methodik der Adsorptionsgaschromatographie und der Mikroverbrennung entwickelt. Das Prinzip der Methode ist folgendes: Die zu untersuchende Gasprobe wird auf eine entsprechende Menge von Silikagel gespült. Die Kohlenwasserstoffe, die leichter als Pentan sind, werden auf thermochromatographischem Wege von den Gasolinkomponenten getrennt. Durch Verbrennung der Kohlenwasserstoffe ab Pentan nach der PREGLschen Mikromethodik werden die Menge und die Beschaffenheit des Gasolins bestimmt. Dadurch können aus einer Gasprobe 100 ml 5—200 g/m³ Gasolin mit einem Fehler von ± 1—1,5% bestimmt werden. Diese Methode ist ebenso zur Bestimmung von Kohlenwasserstoffen in Spülungen und Bodenluft geeignet.

Über die Zementierung von Bohrlöchern in Kochsalzlagern sprach GUMULCZYNSKI (Polen). Das Problem der Zementierung von Bohrlöchern in Salzlagern bereitet den Technikern noch immer große Schwierigkeiten. Die meisten dieser Bohrlöcher werden fehlerhaft zementiert und verursachen so große Verluste bei der Förderung von Erdöl oder Erdgas. Die Ursache der fehlerhaften Zementation ist darin zu sehen, daß die der Zementschlämme abgepreßte Wassermenge, die oft vor allem bei Druckzementationen ziemlich groß ist, das Salz löst und somit zwischen dem abgebundenen Zement und dem Salzlager keine innige Verbindung entsteht. Unter diesen Umständen kann die Zementsäule natürlich nicht abdichtend wirken.

Bei der Behebung dieser Fehler geht man davon aus, daß das abgepreßte Wasser schon völlig mit Salz gesättigt sein soll. Außerdem soll die Bindung zwischen Zement und Salzlager möglichst hoch und das spezifische Gewicht der Zementschlämme niedrig sein. Dazu wird das Wasser zum Anrühren des Zementes fast bis zur Sättigung versalzen und dem Zement ein leichter Stoff — Diatomeenerde — zugegeben, der das spezifische Gewicht auf etwa 1,7—1,75 senkt.

Bei der Zugabe von NaCl zum Mischwasser tritt eine Veränderung der mechanischen Eigenschaften des Zementes ein. So steigt die Festigkeit bis zu einem Gehalt von 10% Kochsalz im Mischwasser, während darüber eine Abnahme einsetzt. Diese Werte sind jedoch weitgehend von der Qualität des Zementes abhängig.

Die Widerstandsfähigkeit der mit Salzwasser angemachten Zemente gegen Sulfatangriff soll größer sein, da sie vom Trikalziumaluminat ($3\,CaO \cdot Al_2O_3$) des Portlandzementes abhängig ist, das aber mit NaCl ein Doppelsalz bildet.

Bei der Ausarbeitung einer Rezeptur für die Zementation von Salzlagern in den polnischen Erdölfeldern wurden folgende Prüfungen der Zemente durchgeführt:

1. Bestimmung des spezifischen Gewichts der Zementschlämme,
2. Fließgrenze der Zementschlämme,
3. Abbindezeit bei 20°C und 75°C,
4. Volumenänderung des abgebundenen Zementes,

5. Druck- und Biegezugfestigkeit,
6. Wasserabgabe.

Das Verhältnis Wasser/Zement wurde so gewählt, daß die Zementschlämme einer Fließgrenze mittels ASNII-Kegels von 20—22 cm entspricht. Außerdem bestimmt man genau die Bindekräfte zwischen Zement und Salz, nachdem man vorher Versuche mit Zementen durchgeführt hatte, die mit Süßwasser angerührt wurden. Die Zementschlämme wurden in Bohrlöcher eines Kochsalzblockes gefüllt. Dabei konnte beobachtet werden, daß sich die Zementsäule sehr leicht aus dem Kochsalzblock lösen läßt und außerdem Risse an den Berührungsstellen des Zementes mit dem Salz entstanden. Bei Zugabe von Kochsalz zum Mischwasser war das nicht mehr der Fall. Das zeigte, daß der mit Süßwasser angemachte Zement das Salz überhaupt nicht bindet.

Geprüft wurden die Portlandzemente „Groszowice 400", „Saturn 350", „Grodziec 350" und „Pokoj 350". Das Mischwasser wurde dabei mit 20% und 25% Kochsalz versetzt. Dabei konnten mit den Zementen „Grodziec 350" und „Saturn 350" die besten Ergebnisse erzielt werden. Die Bindekräfte zwischen Salz und Zement betrugen hier nach 7 Tagen über 10 kg/cm², was zur sicheren Zementierung genügt. Die Abbindezeit setzt oft schon sehr früh ein, so daß bei tieferen Bohrlöchern Verzögerungsmittel zugegeben werden müssen. Dazu wurden verschiedene Abbindeverzögerer wie Sulfitlauge, Relatin (Karboxylmethylzellulose) und Borsäure (H_3BO_3) geprüft. Die besten Erfolge erzielte man bei Zugabe von Relatin bis zu 0,4%. Dadurch konnte der Beginn der Abbindezeit um über vier Stunden verzögert werden. Jedoch beeinträchtigt dieser Zusatz teilweise die Festigkeitseigenschaften außerordentlich. Borsäure wirkt erst in größeren Mengen und verzögert die Abbindezeit zu stark, so daß sich ihre Anwendung nicht empfiehlt. Auch Sulfitspritablauge ist ungeeignet, weil sie ein starkes Schäumen der Zementschlämme verursacht und ebenfalls die mechanischen Eigenschaften beeinträchtigt.

Bei rissigen oder kavernösen Salzlagerstätten ist eine Zementschlämme mit niedrigem spezifischem Gewicht erwünscht. Das wird durch Zusatz von leichten Substanzen, die mit NaCl nicht reagieren, erreicht. Es wurde versucht, dem Zement 2—10% Diatomeenerde zuzugeben. Dabei zeigte sich, daß die Abbindezeit nur wenig verlängert wird und die Anfangsfestigkeit des Zementes niedriger ist. Nach 28 Tagen ist jedoch die Festigkeit identisch mit der bei Zementen ohne Kieselgurzusatz.

Diese Untersuchungen zeigen, daß heute in der Volksrepublik Polen bei Zementation von Bohrlöchern in Salzlagern dem Mischwasser 20—25% NaCl zugesetzt werden. Zur Verwendung gelangen die Portlandzemente „Saturn 350" und „Gordziec 350". In tiefen Bohrlöchern werden 0,2—0,3% Relatin zur Verzögerung der Abbindezeit zugegeben.

Für die Dickspülungstechnik in Erdölbohrungen ergaben sich wertvolle Hinweise und Diskussionen.

Esterka (ČSSR) berichtete in seinem Referat über die Stabilisation und Aufbereitung von Kalkspülungen mit synthetischem Gerbstoff und die Eigenschaften der Gerbstoffe polyphenolischen Charakters sowie ihren Einfluß auf rheologische und Kolloideigenschaften der Tonsuspensionen. Er stellte fest, daß natürliche Gerbstoffe, entsprechend ihrer chemischen Zusammensetzung, in hydrolysierbare und kondensierte gegliedert werden können. Kondensierte Gerbstoffe sind dabei für die Anwendung in größerer Teufe vorteilhafter, weil sie konstant und beständig gegen höhere Temperaturen sind. Esterka & Weber entwickelten einen synthetischen Gerbstoff durch Kondensation der Brenzcatechine, die in der organisch-chemischen Industrie vor der Fraktion der sulfonierten Kohlenwasserstoffe aromatischen Charakters abfallen. Die Handelsbezeichnung ist „VUN Kortan".

Ein Vergleich der Stabilisationseigenschaften zeigt, daß bei Verunreinigung durch Mineralsalze zweiwertiger Kationen „VUN Kortan" den Naturstoff Quebracho ersetzen kann. Zum Schluß wurde die Stabilisation der Bohrspülung durch „VUN Kortan" bei der Anwendung einer Kalkrotspülung beschrieben. Da die physikalischen Meßwerte und die Aufbereitung unter Betriebsbedingungen gut sind, ist dieses neuartige Dispergiermittel für den Bohrbetrieb in der Deutschen Demokratischen Republik zu empfehlen.

In einem weiteren Referat sprach Esterka über die Anwendung der elektrolytischen Spülung beim Durchbohren von Steinsalzlagerstätten. Er beschrieb die Möglichkeit der Aufbereitung der Bohrspülung mit Zelluloseglykolat „Lovosa" und synthetischem Gerbstoff „VUN Kortan", die die Elektrolytbeständigkeit der Spülung beim Durchbohren der koagulierende Salze enthaltenden Gesteine erhöhen. Er berichtete hier über die physikalischen und chemischen Eigenschaften des Stabilisators, seinen Einfluß auf die Tonsuspension und die bei der geologischen Tiefuntersuchung erreichten praktischen Ergebnisse.

Es ist ersichtlich, daß die fünf Qualitätsstufen des in der ČSSR produzierten „Lovosa" weitgehend den Anforderungen nach Elektrolytbeständigkeit und gleichzeitiger Thermostabilität bis zu 130° C gerecht werden. Eine Tabelle zeigte die Vorteile gegenüber den Stärkeprodukten. Die Entwicklung eines gleichwertigen Produktes ist in der Deutschen Demokratischen Republik unbedingt erforderlich. Bis dahin empfiehlt sich die Einfuhr von „Lovosa" aus der ČSSR.

Aus Ungarn gab Molnar einen Bericht über die Wirkung von verschiedenen Elektrolyten auf die Wärmestabilität von Tonsuspensionen. Es wurden Untersuchungen vorgelegt, mit deren Hilfe man dem Problem der Einwirkung hoher Temperaturen auf Bohrspülungen wirksam begegnen kann. Die dabei auftretende Verdickung der Schlämme, insbesondere der kalziumhaltigen, bereitet große Schwierigkeiten. In der Fachliteratur wird diese Erscheinung bisher als Produkt einer chemischen Umwandlung angesehen. Nach den Untersuchungen von Molnar und Mitarbeitern kann diese hochgradige Verdickung auf die Veränderung der kolloidalen Eigenschaften der Tonminerale zurückgeführt werden. Es wird gezeigt, daß die kolloidalen Eigenschaften der Schlämme mit Hilfe von verschiedenen Elektrolyten wie $Ca(OH)_2$, $Ba(OH)_2$, NaCl, $CaCl_2$ und $CaSO_4$ so zu beeinflussen sind, daß sie die Forderung der „Wärmestabilität" erfüllen. Dabei wurde an Hand von Kurven festgestellt, daß durch die Änderung der kolloiden Eigenschaften, also durch die Herbeiführung des sogenannten partiell koagulierten Zustandes, wärmebeständige Schlämme hergestellt werden können. Der partiell koagulierte Zustand wurde durch mehrere Elektrolyte verwirklicht. Bei diesen Versuchen liegen aber die Werte der Wasserabgabe zu hoch, so daß organische Stoffe zugesetzt werden müssen, um das Wasserrückhaltevermögen zu verbessern.

Die zur Zeit zur Verfügung stehenden CMC und Stärkeprodukte zeigen bereits bei 150 °C einen vollständigen thermischen Abbau. Bis zur Beschaffung eines entsprechenden wärmebeständigen Zusatzstoffes ist somit das Problem der thermostabilen Tonspülungen für tiefe Bohrungen nur teilweise gelöst.

Zusammenfassung

Der Aufsatz enthält Arbeitsergebnisse polnischer, tschechoslowakischer und ungarischer Fachkollegen, die Ende vergangenen Jahres während der II. Wissenschaftlichen Konferenz der Erdölinstitute Polens, der ČSSR und Ungarns in Krakau vorgetragen wurden. Der Beitrag ist damit zugleich eine Ergänzung der Aufsätze von R. MEINHOLD in Heft 7, S. 347–350, und Heft 8, S. 402–405 dieses Jahrgangs. Im einzelnen wird über die Vortragsthemen der Sektionen B und C, Chemie der Erdölförderung und Chemie der Erdölbohrungen, berichtet. Dabei nehmen Verfasser zu den neuen Ergebnissen und ihren Anwendungsmöglichkeiten in der Deutschen Demokratischen Republik Stellung.

Резюме

Эта статья содержит результаты работ польских, чехословацких и венгерских специалистов, которые были изложены в конце прошлого года на II научной конференции нефтяных институтов Польши, Чехословакии и Венгрии в Кракове.

Эта статья является одновременно дополнением к статье Р. МАЙНГОЛЬДа, напечатанной в 7-м номере, стр. 347–350, и в 8-м номере, стр. 402–405, этого года.

В частности сообщается о темах докладов секций Б и В, химии добычи нефти и химии нефтяных скважин. При этом авторы высказывают свою точку эрения к новым результатам и их возможностям применения в ГДР.

Summary

The article contains results of works presented by Polish, Czechoslovak and Hungarian colleagues at the Second Scientific Conference of Petroleum Institutes of Poland, Czechoslovakia and Hungary at Cracow. It is at the same time a supplement of papers published by R. MEINHOLD in No. 7, pp. 347–350, and No. 8, pp. 402–405, of this year. Papers read in sections B and C deal with the chemistry of petroleum production and petroleum drilling and are described in detail. Results obtained and their possibilities of application in the German Democratic Republic are commented by the authors.

Methode zur Bestimmung der Gewichtsprozente von Glimmer im Granit für die Baustoffpraxis

CLAUS BERNHARDT & KLAUS HENNIG, Weimar

Der Glimmergehalt der Granite bestimmt unter anderem deren erfolgreiche Verwendung im Bauwesen. Aus Mangel an einfachen, aber doch genauen Bestimmungsmethoden wird leider immer noch auf eine Auswahl der Gesteine hinsichtlich des Glimmergehaltes verzichtet.

Nach der Integrationsmethode können Mineralien in Dünnschliffen und Streupräparaten ausgezählt werden. Schwierig ist dabei, diese ausgezählten Flächen in Volumen- oder Gewichtsprozenten, wie sie die Praxis benötigt, auszudrücken. Bei der Bestimmung an Dünnschliffen entsprechen die Flächenprozente quasi den Volumenprozenten. Die Herstellung einer genügend großen Anzahl Dünnschliffe erfordert einmal zu großen Arbeitsaufwand, zum anderen ist auch auf eine sorgfältige Auswahl der Proben zu achten. Streupräparate

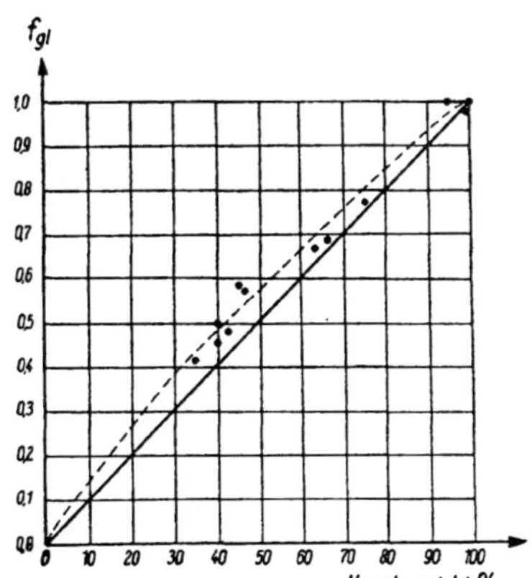

Kurve der wahren Gewichtsprozente

lassen sich dagegen relativ schnell und einfach herstellen. Man erhält aber nur dann Ergebnisse von genügender Genauigkeit, wenn die Kornform annähernd kugelig ist, z. B. bei Quarz und Feldspat. Bei plattigem Korn, z. B. bei Glimmer, ist die Abweichung zwischen Flächen- und Volumenprozenten zu groß.

Tabelle

Korngröße [mm]	wahre Gewichtsprozente [%]	Kugelgewichtsprozente [%]	Faktor f_{gl}
> 1,6	57,1	74,0	0,77
	100,0	100,0	1,00
1 – 1,6	96,8	98,0	0,99
	96,0	95,6	1,00
	39,5	45,5	0,87?
0,5 – 1,0	18,0	40,0	0,45
	42,6	63,5	0,67
	45,3	66,1	0,69
0,2 – 0,5	14,4	34,7	0,41
	20,0	42,0	0,48
	20,0	40,1	0,50
	26,4	45,2	0,59
	26,4	46,2	0,57

Glimmer zeigt eine sehr vollkommene Spaltbarkeit nach (001). Daher ist bei gleichartiger Aufbereitung eines Granites, auf deren Bedeutung schon MEHNERT, WILLGALLIS, KALLIES, MEIER & SCHÜLER hinwiesen, zu erwarten, daß das Verhältnis mittlerer Durchmesser zu mittlerer Dicke bei zwei verschiedenen Körnern gleich ist. Das bedeutet, daß auch die wahren, durch Trennung gewonnenen Gewichtsprozente des Glimmers einer Granitfraktion in einem bestimmten Verhältnis zu den Gewichtsprozenten, die aus den Volumenprozenten der Integrationsmethode errechnet werden, stehen. MEHNERT und seine Mitarbeiter haben dagegen die Integrationsanalyse an Dünnschliffen mit der Kornzählanalyse verglichen. Sie stellten fest, daß beide Methoden bei ungefähr gleichem Arbeitsaufwand gleich gute Ergebnisse liefern.

Wir haben drei verschiedene Biotitgranite vom Bruch Demitz-Thumitz auf gleiche Weise mit dem Hammer und einer Kugelmühle aufbereitet, so daß der größte Teil des Granites aus monomineralischen Körnern von 0,2 mm bis 1,0 mm Größe bestand. Das Mahlgut wurde gesiebt. Die Bestimmung des Glimmergehaltes der

Fraktionen erfolgte einmal nach der Methode von GLAGOLEW mit dem Punktzähler (vgl. CHAYES 1956). Die erhaltenen Volumenprozente wurden durch Multiplizieren mit den mittleren Dichten von Quarz und Feldspat (2,65) und Glimmer (2,9) in Gewichtsprozente umgerechnet. Bei einem anderen Teil der Fraktionen wurden die Glimmerblättchen mit der Hand ausgelesen. Daraus konnten die wahren Gewichtsprozente bestimmt werden. Dabei ist

$$f_{gl} = \frac{\text{wahre Gewichtsprozente}}{\text{Kugelgewichtsprozente}}$$

Der Faktor f_{gl} ist für Korngrößen $< 0{,}2$ mm schwer zu bestimmen, weil das Auslesen des Glimmers immer schwieriger wird.

Trägt man die Kugelgewichtsprozente als Abszisse und den Faktor f_{gl} als Ordinate auf, so ergeben die Mittelwerte eine Kurve, die sich der Funktion $y = \frac{x}{100}$ nähert.

Schema einer Granituntersuchung

1. Aufbereitung des Materials
Bei gröberem Material erfolgt zunächst eine Vorzerkleinerung mit dem Hammer, danach Aufbereitung in einer Kugelmühle. Für die mikroskopische Auszählung muß der Hauptteil der Körner etwa zwischen 0,1 mm und 1,6 mm liegen.

2. Siebanalyse
Die Probe kann in beliebig viele Fraktionen getrennt werden.

3. Anfertigung der Streupräparate
Für die Streupräparate wird das Material geviertelt.

4. Bestimmung
Die Streupräparate werden nach der Methode von GLAGOLEW ausgezählt. Einbettungsflüssigkeit ist Brombenzol ($n = 1{,}5604$ bei 20° C), so daß man auf einfache Weise Quarz und Feldspat von Glimmer unterscheiden kann. Die Auszählung ergibt Kugelvolumenprozente, die in Kugelgewichtsprozente umgerechnet werden und durch Multiplikation mit dem entsprechenden Faktor (s. Abb.) die wahren Gewichtsprozente ergeben.

Diese Methode zeigt die für die Praxis erforderliche Genauigkeit. Es wird aber noch einmal darauf hingewiesen, daß für vergleichbare Untersuchungen die Art der Aufbereitung gleich bleiben muß. Für jede Änderung bei der Aufbereitung muß die Kurve neu bestimmt werden. Größere Baustoffbetriebe sollten (für Untersuchungen an Betonbrechsanden und ähnlichem) diese Mühe nicht scheuen.

Literatur

MEHNERT, K. R., A. WILLGALLIS, B. KALLIES, W. MEIER & B. SCHÜLER: Die Genauigkeit der Kornzählanalyse zur Bestimmung des quantitativen Mineralbestandes von kompakten Gesteinen granitähnlicher Zusammensetzung. — Beitr. Mineral. u. Petrogr., 6, S. 203—218 (1959).

CHAYES, F.: Petrographic Modal Analysis. — New York 1956.

Eine einfache Vorrichtung zum Winkelmessen unter dem Binokular-Mikroskop SM XX

ERWIN TRÜMPER, Berlin

In der Paläontologie und besonders in der Mikropaläontologie ist es oft erforderlich, Winkel zu messen. Da die verwendeten Binokulare kein direktes Messen eines Winkels gestatten, wurden die Exemplare meist fotografiert bzw. gezeichnet, nur um dann an den Fotografien oder Zeichnungen die betreffenden Winkel messen zu können. Berücksichtigt man dabei, daß bei variationsstatistischen Untersuchungen mehrere hundert und mitunter mehrere tausend Exemplare bearbeitet werden müssen, so bekommt man eine Vorstellung von der dazu erforderlichen Zeit.

Die neue an dem SM XX angebrachte einfache Vorrichtung gestattet das Winkelmessen direkt unter dem Binokular. Sie besteht aus einem dem oberen Ende des Tubus aufsitzenden Ring mit einer Gradeinteilung in Abständen von 5°, die von 0° nach beiden Seiten bis 180° (200^g) zählt (Abb. 1). Ferner muß am Okular, das mit einem Fadenkreuz versehen ist (Okularmikrometer im Okular 12,5 des SM XX), außen eine Nullmarke angebracht werden.

Die erste zur Erprobung angefertigte Vorrichtung bestand aus einem weißen Zeichenkartonstreifen, dessen Länge genau dem äußeren Tubusumfang entspricht. Auf diesem Streifen läßt sich, wenn man ihn erst nach der Konstruktion ausschneidet, die Gradeinteilung durch einfache Streckenteilung aufzeichnen. Der Kartonstreifen wird dann mit „Alleskleber“ am oberen Tubusrand befestigt.

Schon bei dieser primitiven Ausführung, die man leicht selbst herstellen kann, erreicht man eine für paläontologische Messungen ausreichende Genauigkeit. Exakter und haltbarer ist natürlich ein Metallring mit eingravierter Einteilung, der von einem Mechaniker

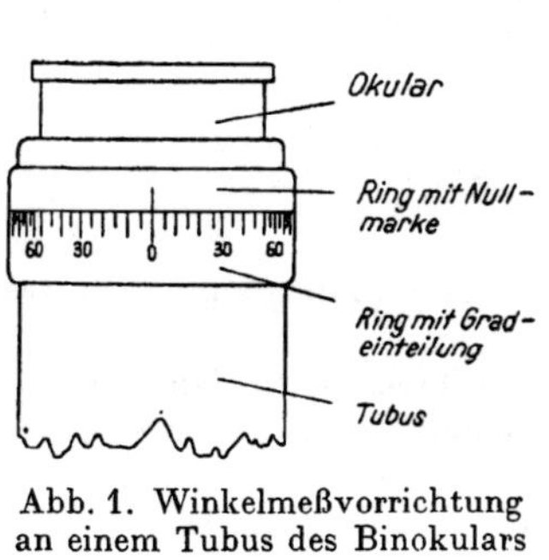

Abb. 1. Winkelmeßvorrichtung an einem Tubus des Binokulars

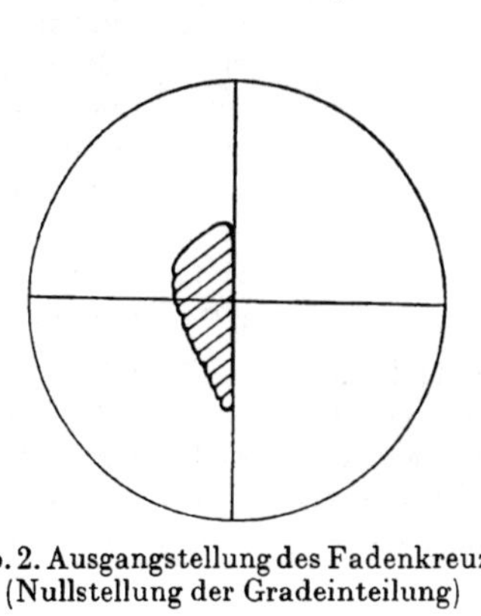

Abb. 2. Ausgangsstellung des Fadenkreuzes (Nullstellung der Gradeinteilung)

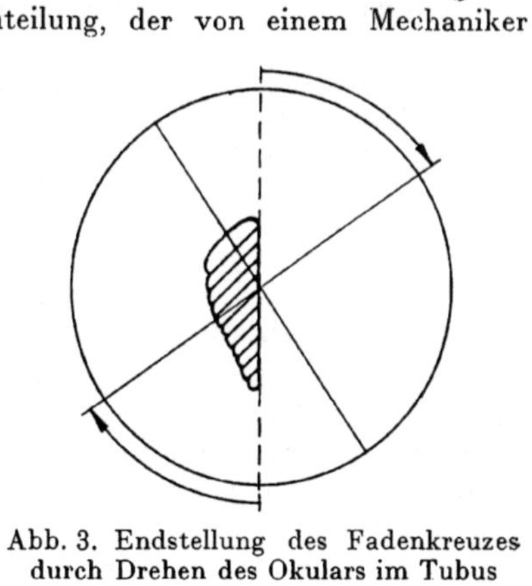

Abb. 3. Endstellung des Fadenkreuzes durch Drehen des Okulars im Tubus

ebenfalls leicht angefertigt werden kann, wenn Drehbank und Teilkopf zur Verfügung stehen.

Der Arbeitsgang beim Messen ist folgender: Das Okular wird in die Nullstellung gedreht. Dann legt man das Objekt so, daß ein Schenkel des zu messenden Winkels sich mit einer Achse des Fadenkreuzes deckt. Der Scheitel des Winkels muß dabei in der Mitte des Fadenkreuzes liegen (Abb. 2). Dann wird das Okular so weit gedreht, daß der andere Schenkel des zu messenden Winkels mit derselben Achse des Fadenkreuzes zur Deckung kommt (Abb. 3). Der Winkel, um den das Okular gedreht wurde (= zu messender Winkel), kann nun an der am Tubus angebrachten Gradeinteilung abgelesen werden. Die Einteilung von 5 zu 5 Grad (Strichabstand beim SM XX ungefähr 1,5 mm) erlaubt ein Schätzen der Zwischenwerte mit einer Genauigkeit von $\pm 1°$.

Lesesteine

„Schlägel und Eisen"

Etwa seit der zweiten Hälfte des vorigen Jahrhunderts hat sich in Geologenkreisen das in Abb. 1 wiedergegebene Symbol eingebürgert. Jüngere Geologen sehen darin ein speziell geologisches Symbol. Man hört wiederholt, daß es sich um zwei gekreuzte Geologenhämmer handele. Das ist aber falsch. Das Symbol „Schlägel und Eisen" ist vielmehr ein altes bergmännisches Emblem. Es stellt die bergmännischen Werkzeuge dar, die vor der Einführung des Sprengpulvers jahrhundertelang zum Zertrümmern des Gesteins beim Streckenvortrieb und zur Gewinnung der Erze gebraucht wurden.

Abb. 1

Der Schlägel (mitunter auch „Schlegel") ist ein Fäustel von etwa 1 bis 2 kg Gewicht. Er ist eine Spanne lang, von quadratischem Querschnitt, an beiden Enden durch ebene Flächen begrenzt. Er hat in der Mitte ein schmales Loch für den Stiel. Der Schlägel kann mit einer Hand oder auch beidhändig benutzt werden. Das Eisen oder Bergeisen ist ein hammerartiges Werkzeug, bei dem das eine Ende zugeschrägt ist, und zwar so, daß die Schneide quer zum Hammerstiel verläuft.

Die Schlägel- und Eisenarbeit vollzog sich in der Weise, daß ein Bergmann das Eisen mit der linken Hand erfaßte, die scharfe Kante auf das Gestein aufsetzte und dann mit dem Schlägel in der rechten Hand auf das ebene Ende des Eisens schlug, um auf diese Weise Gesteinsteile loszulösen. Bei der Arbeit konnten auch zwei Bergleute beteiligt sein, von denen dann der eine das Eisen hielt und der andere beidhändig den in diesem Falle etwas schwereren Schlägel führte.

Schlägel und Eisen finden sich ungekreuzt nach einer Mitteilung von Herrn Siegfried KUBE (Institut für Volkskunde, Forschungsstelle Dresden der Deutschen Akademie der Wissenschaften zu Berlin) schon im 13. Jahrhundert. Als früheste gekreuzte Form kommt nach ihnen das Emblem

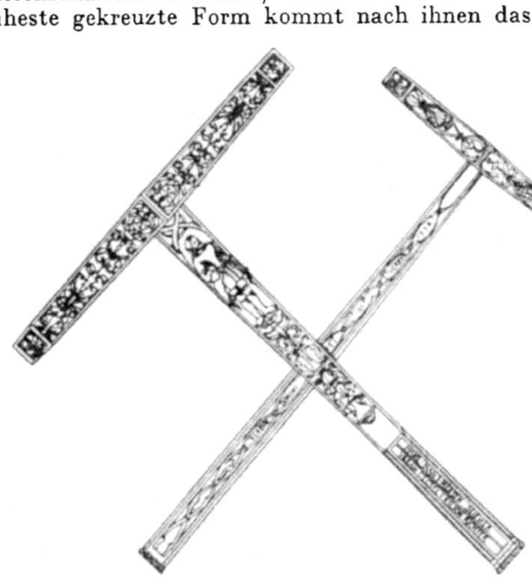

Abb. 2

wohl in der Rundkapelle auf dem Schloßberg in Kremnitz vor; dort findet es sich im Schlußstein des frühgotischen Gewölbes, die Kapelle ist wahrscheinlich älter als die Gründung vom Kremnitz (1328). In Freiberg ist das Emblem „Schlägel und Eisen" in einem spätgotischen Rundbogenportal in der Kesselgasse Nr. 24 im Jahre 1534 verwendet worden. Aus dem gleichen Jahre stammt auch das im Bergbaumuseum der Stadt Freiberg aufbewahrte, aus zwei Einzelstücken bestehende silberne Schlägel und Eisen von ca. 45 cm Länge, das der Bergmeister Andreas KOHLER 1534 anfertigen ließ (s. Abb. 2).

Das Emblem Schlägel und Eisen ist als bergmännisches Zeichen später häufig verwendet worden. Da es in seiner Form oft unrichtig dargestellt wurde, ist 1853 in einem Reglement der Preußischen Bergbehörde die Form genau beschrieben worden (Z. für das Berg-, Hütten- und Salinenwesen im Preußischen Staate, Bd. 1, 1854, S. 247). Danach muß das Emblem so gezeichnet werden (s. Abb. 1), daß der Schlägel zuoberst und das Eisen darunter liegt, weil man mit der rechten Hand zuerst den Schlägel ergreifen würde und das Eisen in die linke Hand nähme. Der Stiel des Schlägels dürfe oben nicht herausragen, während dies beim Eisen der Fall sein müsse. Der Schlägel ist auch nach dem Schwingungsbogen sanft gekrümmt, während das Eisen einen geraden vierseitigen Keil bildet.

In dieser Gestalt ist das Zeichen im deutschen Bergbau allgemein verbreitet und ist so neuerdings auch in der DIN-Vorschrift 21800 vom September 1950 wieder bestätigt worden. Auch an der Bergakademie Freiberg wird es in dieser Form für die verschiedensten Zwecke benutzt.

Wann das Zeichen von den Geologen zuerst verwendet worden ist, konnte noch nicht sicher ermittelt werden. Es scheint, als ob es zuerst von amerikanischen Geologen benutzt wurde, wobei es allerdings teilweise etwas von der obenbeschriebenen amtlichen deutschen Form abweicht. Auf dem II. Internationalen Geologenkongreß zu Bologna 1879 ist das Zeichen Schlägel und Eisen in das Siegel des Kongresses aufgenommen worden (Abb. 3).

Abb. 3

Dieses Siegel wird folgendermaßen beschrieben (Compte Rendu, Congrès Bologna, 1882, S. 17): „en haut, l'inscription GEOLOGORUM CONVENTUS; en bas les mots MENTE ET MALLEO; au centre, deux marteaux croisés". Hier ist also von zwei Hämmern die Rede. Wie oben auseinandergesetzt wurde, handelt es sich aber nicht um Geologenhämmer. Die Form, die das Zeichen im Siegel des Kongresses angenommen hat, entspricht auch nicht den alten Darstellungen von Schlägel und Eisen. Beide Werkzeuge sind hier etwas stilisiert. Es wäre wünschenswert, wenn auch der Geologenkongreß zu einer strengeren und richtigeren Form des Emblems zurückgehen würde.

Zwei gekreuzte Geologenhämmer findet man als Emblem weit seltener. Es erscheint dann also nicht der an beiden Enden gerade abgeschnittene Schlägel des Bergmannes, sondern eben ein typischer Geologenhammer, dessen eines Ende parallel zum Stiel gerade abgeschnitten, dessen anderes Ende dagegen in der üblichen Weise zugeschärft ist. Dieses echte geologische Symbol benutzt z. B. die Mineralogisch-geologische Gesellschaft der ČSSR auf dem Titelblatt ihrer Zeitschrift für Mineralogie und Geologie (Časopis pro mineralogii a geologii), und zwar sind hier die Hämmer mit den zugeschärften Enden nach außen gezeichnet, während in der Titelvignette des Vestník der Geologischen Staatsanstalt der ČSSR die zugeschärften Seiten einander zugekehrt sind.

K. PIETZSCH

Eis und Land der Antarktis

12 Mächte, darunter die Sowjetunion und die USA, schlossen einen Vertrag ab, demzufolge die Antarktis der freien Forschung aller Mitglieder der Vereinten Nationen vorbehalten bleiben soll.

Bisherige Resultate ergaben, daß man die Menge des in den Polkappen vermuteten Eises um 50% erhöhen muß. Im Marie-Byrd-Land stieß man auf eine 4200 m mächtige Eisdecke, die auf einem 2500 m unter dem Meeresspiegel lagernden Felsgrund aufliegt. Am Südpol ist das Eis 2500 m mächtig, reicht aber nicht unter den Meeresspiegel hinab. Man kam zu der Schätzung, daß es auf der Erdoberfläche etwa 11,5 Millionen km³ Eis gibt. Hunderte von Metern über das Innlandeis aufragende Bergspitzen tragen deutliche Gletscherspuren, so daß man annehmen muß, daß der Eispanzer in früheren Zeiten mächtiger war als heute. Aus 300 m tiefen Bohrlöchern erhielt man Schnee, der vor Tausenden von Jahren gefallen ist.

Die Antarktis ist keineswegs der große zusammenhängende Kontinent, für den man ihn bisher hielt. Zumindest besteht ihre westliche Hälfte aus einzelnen Inselgruppen, die nur durch die Eisdecke zusammengewachsen sind. In diesem Jahr wird man zu untersuchen haben, ob der Antarktische Kontinent durch eine vom Weddellmeer bis zum Roßmeer reichende Meeresstraße in zwei Teile geteilt ist. Daß die östliche Antarktis tatsächlich aus einer kontinentalen Landmasse besteht, wurde von sowjetischen Wissenschaftlern einwandfrei festgestellt. Allerdings ist man sich über die Ausdehnung dieses Landkomplexes noch nicht völlig im klaren.

e

Besprechungen und Referate

NALIWKIN, D. W.

Kurzer Abriß der Geologie der UdSSR

„Fortschritte der sowjetischen Geologie", H. 2, 1959 (mit 8 Karten). Geotektonisches Institut der Deutschen Akademie der Wissenschaften zu Berlin

Die Originalarbeit von NALIWKIN erschien 1957 in Moskau als Erläuterung zur „Geologischen Karte der UdSSR, 1:5000000 (1956)".

Im Heft 1 der Schriftenreihe des Geotektonischen Instituts waren die „Grundzüge des tektonischen Baus der UdSSR" erschienen. Die ausgezeichnete deutsche Wiedergabe des Werkes von NALIWKIN gibt eine kurzgefaßte Übersicht über den geologischen Erkundungsstand, der bis 1956 in der Sowjetunion erreicht worden war. Sie eignet sich zur schnellen Orientierung über Tektonik, Stratigraphie und mineralische Rohstoffvorkommen der einzelnen sowjetischen Gebiete.

Gegliedert wurde der Stoff folgendermaßen:

I. Präkambrische Geosynklinalen:
   1. Russische Tafel
   2. Sibirische Tafel
II. Paläozoische Geosynklinalen:
   3. Uralische und nördliche Geosynklinale
   4. Angara-Geosynklinale
III. Gebiete komplizierter Zusammensetzung:
   5. Mittelasien
IV. Mesozoisch-känozoische Geosynklinalen:
   6. Mittelmeergeosynklinale (Tethys)
   7. Pazifische Geosynklinale

E.

BEHR, H.

Gefügekundliche Untersuchungen im NE-Teil des Granulitgebirges (1)

MEISSNER, B.

Ein Beitrag zur Geologie der metamorphen Zone des Südostharzes (2)

Freiberger Forschungshefte, C 74, 88 S., Akademie-Verlag, Berlin 1959, brosch. DM 8,—

(1) Verfasser teilt die detaillierten Ergebnisse einer Gefügeanalyse nach der SANDERschen Methodik mit, die sowohl den NE-Teil des Granulitmassivs als auch seine engere Hülle, die Gesteine des inneren Schiefermantels (Glimmerschiefer, Granit von Berbersdorf, Biotitgneis, Gneisglimmerschiefer und Gabbro), erfaßt. Dadurch erhalten die petrographisch-petrogenetischen Untersuchungen von J. LEHMANN, K. H. SCHEUMANN und seiner Schule die notwendige gefügetektonische Ergänzung. Ausführlich wird der Granitkörper von Berbersdorf behandelt, der auf Grund von s-Flächengefüge, Kluftstatistik und Einschlußregelung die Form einer nach SE einfallenden Platte besitzt. Verfasser kommt zu dem Ergebnis, daß das tektonische Gefüge des Granulitkerns im Untersuchungsgebiet „nicht die erwartete klare Beziehung zu der noch im Vordergrund der Diskussion stehenden Theorie vom Deckenbau der Granulitgebirgshülle" zeigt.

(2) Fossilfunde in Kalkeinlagerungen innerhalb der metamorphen Schichten sowie petrographische Beobachtungen, z. B. die Auffindung von Tuffhorizonten in der Zone des Klippmühlquarzits und deren Parallelisierung mit mitteldevonischen Tufflagern von Rammelsberg und Drei-Annen-Hohne, sind für die bisher noch undurchsichtigen stratigraphischen und regional-geologischen Verhältnisse von Bedeutung. Danach stellt die metamorphe Zone von Wippra nicht einen selbständigen Sattel, sondern die Südflanke des Ostharzer Silursattels dar, deren Gesteinsserien mit Ausnahme der weiterhin fraglichen phyllitischen Tonschieferzone vom Verf. ins Devon eingestuft wurden. Tektonische Beobachtungen erbrachten den Nachweis, daß in der metamorphen Zone von Wippra kein isoklinaler Faltenbau existiert.

W. GOTTESMANN

VATAN, A.

Revue Bibliographique des Progrès Récents Réalises en Sédimentologie

V. Welterdölkongreß, New York 1959, Section I — Paper 58

Der Verfasser gibt eine bibliographische Übersicht über 146 der wichtigsten sedimentologischen Arbeiten, die seit dem IV. Welterdölkongreß veröffentlicht worden sind. Fragen der Paläogeographie und Faziesverteilung standen im Vordergrund. Bedeutende Kenntnisse wurden weiterhin in der Technik und Methodik der Sedimentologie, in der Petrogenese der Tone, Schiefer und Karbonatgesteine und in bezug auf die Bindemittel und die verschiedenen Stadien ihrer Rekristallisation gesammelt.

Z.

KETTNER, R.

Allgemeine Geologie, Bd. III

VEB Deutscher Verlag der Wissenschaften, Berlin 1959. 460 S., 318 Abb., DM 38,80

Der III. Band der Allgemeinen Geologie von KETTNER ist den äußeren geologischen Kräften der Erdoberfläche und der geologischen Tätigkeit des Wassers gewidmet. Er beschäftigt sich mit den Grundlagen, die das Fundament für Geomorphologie, Hydrogeologie und Ingenieurgeologie bilden. Nicht nur für junge Geologen, sondern auch für Bodenkundler, Hydrologen und Bauingenieure stellt dieser III. Band der Allgemeinen Geologie von KETTNER ein wichtiges, handliches und übersichtliches Nachschlagewerk dar. Unserem wissenschaftlichen Nachwuchs sei es ganz besonders zu eingehendem Studium empfohlen.

E.

RUSSEL, W. L.

Prinziples of Petroleum Geology

Mc Graw-Hill Book Company, Inc. New York — Toronto — London 1960

Das obengenannte Buch gibt einen umfassenden Überblick auf dem Gebiet der Erdölgeologie. Es ist besonders als Lehrbuch für Studierende geeignet und bietet gleichzeitig durch seinen modernen Charakter für den in der Praxis tätigen Erdölgeologen eine willkommene Stütze bei der Information über die verschiedenartigsten fachlichen Fragen. Gegenüber der ersten hat die zweite Auflage eine sorgfältige Überarbeitung und Ergänzung erhalten. In einer leicht verständlichen und sehr übersichtlichen Art und Weise werden alle theoretischen und praktischen Probleme der Erdölerkundung ihrer Bedeutung entsprechend behandelt. Während sich der Hauptteil des Buches mit den grundsätzlichen Fragen der Erdölerkundung, Migration und Lagerstättenbildung u. a. beschäftigt, widmet sich der kleinere Teil speziellen Erkundungsmethoden — besonders geophysikalischer Art — und technischen Grundlagen.

Durch viele Illustrationen, Karten und Diagramme wird der Text in einer angenehmen Art veranschaulicht. Eine umfangreiche Literaturzusammenstellung und ein Sachwörterverzeichnis schließen das allgemein nur zu empfehlende Werk ab. H. KNAPE

BOUCHON, R., R. J. ORTINSKI, C. DE LAPPARENT & G. POMMIER

Le développement de la réfraction sismique dans l'interprétation géologique du Sahara Nord — son rôle dans la découverte et l'étude du champ d'Hassi Messaoud

V. Welt-Erdölkongreß, New York 1959, Sektion I — Paper 39

Als 1948 die Untersuchungen in der Nordsahara begannen, wußte man wenig über die Geologie dieses Gebietes. Es war nur bekannt, daß auf dem kristallinen Sockel paläozoische Sedimentschichten liegen, die von einem mesozoischen Bekken überlagert werden.

Die geophysikalischen Untersuchungen begannen mit Gravimeter-Messungen. Selbst heute, beim gegenwärtigen Stand der Erkenntnis, ist die Interpretation der Meßergebnisse sehr schwierig, weil die meisten Anomalien wahrscheinlich aus großer Teufe herrühren.

Im Jahre 1951 begannen reflexionsseismische Untersuchungen, die jedoch nicht zum gewünschten Erfolg führten. Infolge der ungünstigen Oberflächenbeschaffenheit war das Verhältnis Einsatz/Störenergie zu klein, um klare Reflexionen erhalten zu können. Hinzu kam, daß die Eindringtiefe der Reflexionsmethode ungenügend war, weil die Schichten des mächtigen mesozoischen Beckens, besonders die Kalkschichten, die darunterliegenden paläozoischen Schichten abschirmten.

Die ersten refraktionsseismischen Messungen wurden 1952 in den Gebieten von Ouargla und Ghardaïa ausgeführt. Es konnten folgende Horizonte unterschieden werden: ein tiefer Horizont mit einem Geschwindigkeitswert von 5900 m/s, ein mittlerer Horizont mit einem Geschwindigkeitswert von 4850 m/s und ein Horizont an der Oberfläche, dessen Geschwindigkeitswert 4200 bis 4300 m/s beträgt.

Der tiefe Horizont erwies sich als der energiereichste. Durch die Bohrung Be 1 wurde späterhin der mittlere Horizont als erste Kalkschicht des marinen Juras erkannt und festgestellt, daß der tiefe Horizont in der Nähe der Erosionsoberfläche des Sockels liegt. Die Auswertung wurde nach der Methode der delay-Zeiten vorgenommen.

Nach diesen ersten Versuchen wurde im September 1952 mit Refraktionsmessungen begonnen, die das Ziel hatten, den tiefstmöglichen Horizont zu verfolgen. Neben fortlaufenden Profilen wurden gleichzeitig auch Sondierungslinien geschossen. Mit ihrer Hilfe konnten die Ergebnisse der Profile über große Entfernungen korreliert werden. Als Ergebnis dieser Messungen liegt eine Isodelays-Karte der Nordsahara für den Sockelhorizont vor, die bereits die hauptsächlichen Strukturzüge dieses Gebietes aufzeigt.

Bis zum 30. Juni 1958 wurden insgesamt 3225 km Sondierungslinien und 8780 Profilkilometer gemessen, die sich auf eine Fläche von 249600 km² verteilen. Hierzu wurden 105,7 Truppmonate benötigt. Die durchschnittliche Monatsleistung an Profilkilometern stieg dabei von 22 im Jahre 1952 auf 124 im Jahre 1958 an.

Ein im Jahre 1955 ausgeführtes Profil, das einen Sockelhorizont verfolgte, wies im Gebiet von Hassi Messaoud, etwa 100 km südöstlich von Ouargla, eine strukturelle Aufwölbung dieses Horizontes nach. Während die westliche und die östliche Begrenzung sicher erkannt wurden und eine Breite der Hochlage von ungefähr 36 km ergaben, ist die Ausdehnung in Richtung Südwest—Nordost noch ungewiß. Sie beträgt aber mindestens 50 km. Auf dieser Hochlage wurde die Bohrung Md 1 im Juli 1956 fündig. Im September 1956 begannen daraufhin gleichzeitig Reflexions- und Refraktionsmessungen in diesem Gebiet.

Das Ergebnis der Refraktionsmessungen war eine Isodelays-Karte, die sehr deutlich die Form der Struktur wiedergab.

Das Ergebnis der Reflexionsmessungen war ein Isochronenplan des Apt, der im Gegensatz zur Isodelays-Karte der Refraktion ein flaches Becken zeigt. Auf Grund des Ergebnisses der Reflexionsseismik allein hätte man nie eine Sonde in diesem Gebiet angesetzt. Die Entdeckung des Feldes von Hassi Messaoud ist also nur der Refraktionsseismik zu verdanken. Überhaupt scheint die Refraktionsseismik die einzige Methode zu sein, die für die Erforschung der tiefen Schichten in diesem Gebiet brauchbar ist. Dennoch sind die Reflexionsmessungen von großem Wert, weil sie eine wesentliche Hilfe bei der Interpretation der Refraktionsergebnisse leisten.

Trotz aller Erfolge der seismischen Untersuchungen konnten jedoch nicht alle Probleme gelöst werden. So ist es z. B. noch nicht gelungen, den seismischen Horizont, der einen Geschwindigkeitswert von 5900—6000 m/s aufweist, mit einem geologischen Horizont oder einer Geschwindigkeitsdiskontinuität der seismischen Bohrlochmessung zu identifizieren. Man weiß nur, daß er in der Nähe der Erosionsoberfläche des Sockels mitten in kambrischen Sandsteinen liegt. Messungen, die an den Bohrungen Md 2 und Om 81 ausgeführt wurden, zeigten, daß die Nichtbeachtung der Anisotropie einen Teufenfehler von 9% verursacht.

Die Autoren gelangen zu der Schlußfolgerung, daß sich im Gebiet von Hassi Messaoud die Kombination der refraktionsseismischen mit der reflexionsseismischen Methode bewährt hat. Die erste ergab den Strukturnachweis im regionalen Maßstab, die letzte die Feinheiten der Strukturform.

JANETZKY

Das hessische Braunkohlenrevier

„Montan-Rundschau", 7. Jg. (1959), H. 10, S. 215—224

In dem genannten Beitrag werden von österreichischen Bergingenieuren die Eindrücke von einer Studienfahrt in das niederhessische Bergbaugebiet mitgeteilt. Nach einem geschichtlichen Überblick über den ältesten Braunkohlenbergbau Deutschlands wird eine kurze geologische Übersicht gegeben, und folgende Braunkohlengruben werden in Form von Befahrungsberichten behandelt: Zeche Glimmerode, Grube Wölfersheim, Zeche Hirschberg in Großalmerode, Grube Altenburg II und Tagebau Altenburg IV (bei Borken), Grube Stolzenbach und Tagebau Dillich. Die Befahrungsberichte informieren in knapper, aber trotzdem ausreichender Form über die wichtigsten Braunkohlenvorkommen in der sog. „Niederhessischen Tertiärsenke" zwischen Vogelsberggebiet und Kassel. — ul —

ROBINSON, A.

Towards a new Energy Pattern in Europe

Organisation for European Economic Co-Operation, Paris, 1960

Der ROBINSON-Bericht folgte dem im Juli 1955 publizierten ARMAND-Bericht (LOUIS ARMAND „Some Aspects of the European Energy Problem") und dem im Mai 1956 veröffentlichten HARTLEY-Bericht („Europe's Growing Needs of Energy — How can they be met?"). Vorsitzender der Energiekommission ist der Herausgeber Prof. AUSTIN ROBINSON, sein Vertreter ist der deutsche Bankier Dr. HERRMANN J. ABS. Zu allen diesen Berichten haben außer staatlichen Stellen auch die internationalen Erdölkonzerne ihr Material beigesteuert. Ihre Prognose für die Entwicklung des Verbrauches von Primärenergie in den OEEC-Ländern sieht fogendermaßen aus:

	1955	1965	1975
Mill. t SKE	777	1035—1080	1330—1435
Index	100	133—139	171—185

Die staatlichen Schätzungen liegen etwas niedriger. Dem Erdgas wird eine große Zukunft vorausgesagt, da es sich wegen seiner Billigkeit Positionen schaffen kann, die dem teureren industriell hergestellten Kunstgas aus Rentabilitätsgründen nicht offenstehen. Die Perspektiven zur Auffindung neuer Vorräte an Rohöl und Erdgas werden günstig beurteilt, und es wird angenommen, daß die Verbrauchsgrenzen nicht durch die Vorräte, sondern durch den Absatz und vor allem durch die Möglichkeit, Fernleitungen zu bauen, gezogen werden. E.

RUTTAN, G. D.

Geology of Lynn Lake

Paper Ann. Meet. Canad. Inst. Min. a. Metallurgy, Toronto, Ontario, April 1955

Das Lynn-Lake-Gebiet, auf dem Präkambrischen Schild des nördlichen Manitoba gelegen, ist ein weiteres wichtiges Nickel-Revier Canadas geworden. Zur Lage vergl. Z. ang. Geol., Jg. 4 (1958), H. 8, S. 379, Abb. 1.

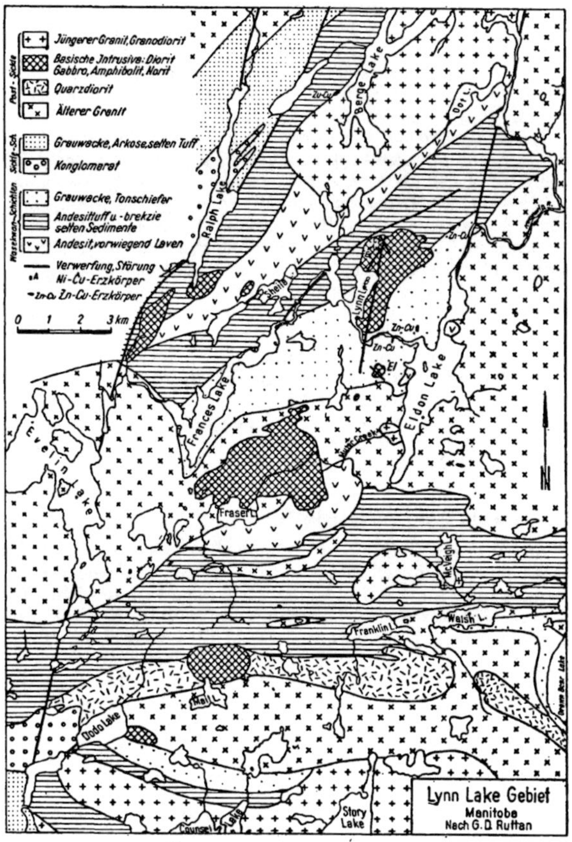

Geologische Übersichtskarte des Lynn-Lake-Gebiets, Manitoba (nach G. D. RUTTAN)

Die geologischen Verhältnisse sind durch eine NEstreichende Synklinale der Wasekwan-Schichten gekennzeichnet, die sich aus andesitischen Tuffen, Brekzien und Laven sowie eingeschalteten Sedimenten aufbauen. In die gefaltete Schichtenfolge drangen basische Gesteine und zuletzt ein jüngerer Granit ein. Die Durchbrüche der basischen Gesteine folgen der NE-Richtung. Drei größere und zahlreichere kleinere Verwerfungs-, Scher- und Brekzienzonen streichen vorwiegend nach NNE. Sie stellen vor allem in den basischen Stöcken Zonen potentieller Vererzungen dar (Abb.).

Man kann zwei Arten von Vererzung unterscheiden:

1. Kupfer-Zink-Gold-Erze mit Magnetkies und Pyrit. Diese wirtschaftlich nicht bedeutsamen Mineralisationen treten außerhalb der basischen Stöcke in vulkanischen Gesteinen und Sedimenten auf.

2. Nickel-Kupfer-Erze, die an basische Stöcke gebunden sind, haben große wirtschaftliche Bedeutung.

Die Nickel-Kupfer-Vererzungen bilden teils massive Sulfiderzkörper, teils treten sie auch als Netzwerk feiner Sulfidtrümer auf oder als Imprägnation fein verteilter Sulfide.

Sie bestehen in der Reihenfolge ihrer Häufigkeit aus Magnetkies, Pentlandit, Kupferkies und Pyrit mit Kobalt, Zink und Gold in geringen Gehalten. Die Sulfide verdrängen in Zerrüttungszonen die Silikate der Nebengesteine, vorwiegend Amphibolit, Diorit und Quarz-Hornblende-Diorit. Vermutlich entstammen sie dem jüngeren Granit.

Im Lynn-Lake-Revier treten die Vererzungen in 2 kleinen basischen Intrusivstöcken auf, wobei Amphibolit als Nebengestein bevorzugt wird. Es handelt sich um hydrothermale Verdrängungslagerstätten, die an Verwerfungs- und Zerrüttungszonen in den basischen Gesteinen gebunden sind. Bisher wurden rd. 14 Mio t Roherz mit 1,22% Ni und 0,62% Cu in 7 Erzkörpern festgestellt.

Beim Vergleich mit den neuen Nickelvorkommen der INCO bei Thompson in Nord-Manitoba fällt die ähnliche geologische Situation auf. In beiden Gebieten sind die Durchbrüche basischer Gesteine in der N- bis NE-Richtung aneinandergereiht und die Vererzungen an Zerrüttungszonen in der gleichen Richtung gebunden. Im allgemeinen werden dabei basische Gesteine bevorzugt mineralisiert. REH

FRIEDRICH, K.

Gefüge und Tektonik im Hartsalz des Werragebietes

„Z. deutsch. geol. Ges.", Bd. 111 (1959), 2. Teil, S. 502–524

Verf. hat als einer der Wenigen die Untersuchungsmethoden von B. SANDER und W. SCHMIDT, d. h. die Gefügeanalyse, auf die Untersuchung von Salzen (Hartsalz des Werragebietes, Grube Hattorf, Kalisalzflöze „Thüringen" und „Hessen") angewandt. Seit 1936 wurde zwar vereinzelt in dieser Richtung gearbeitet, jedoch wurden im wesentlichen Gipse und Anhydrite näher betrachtet.

PEI-KENG-LENG dehnte 1945 die Untersuchungen auf die Carnallitgesteine von Teutschenthal aus.

An orientiert entnommenen Handstücken untersuchte FRIEDRICH:
die Kornform und ihre Einregelung nach Längungsgrad und Längungsrichtung,
die kristallographisch-optische Einregelung (Spaltrisse, Indikatrix-Ellipsoid).

Die Untersuchungen ergaben:
a) bei tektonisch unbeeinflußter Lagerung:
Steinsalz ist hinsichtlich Kornform und Kristallbau ungeregelt,
Kieserit ist optisch ebenfalls ungeregelt;
b) bei gefalteter Lagerung (Untersuchung einer monoklinen Falte):
Die Sylvin- und Steinsalzkörner sind gelängt, von allen Mineralkomponenten sind die längsten Achsen in die Faltenachsenebene eingeregelt; die mittleren Achsen liegen parallel zur Faltenachse, die kurzen Achsen stehen senkrecht auf der Faltenachsenebene. Dagegen ist trotz einer Regelung nach der Kornform keine kristallographische bzw. kristalloptische Einregelung von Steinsalz und Kieserit festzustellen.

Auf Grund dieser Ergebnisse können an Bohrkernen das Streichen und die Vergenz der Falten bestimmt werden.

Trotz der relativ geringen Aussagekraft der Untersuchungen sollte der Gefügeanalyse bei Salzgesteinen doch verstärktes Interesse geschenkt werden, ggf. auch in parallelen Untersuchungen von Carnallitgestein und Hartsalz in benachbarten Aufschlüssen, um hier vielleicht relative Unterschiede feststellen zu können. LÖFFLER

DONATH, M. & H. MATHES

Radiometrische Kalibestimmung

„Bergbauwissenschaften", 7. Jg. (1960), S. 86–87

Es wird ein neues Verfahren zur K_2O-Bestimmung von Rohkalisalzen beschrieben, das die K_2O-Gehalte mit Hilfe der Gammastrahlung ermittelt. Das Verfahren garantiert bei einer durchschnittlichen Meßdauer von 10 Minuten — je nach Gehalt des zu untersuchenden Rohstoffes — eine Genauigkeit von $\pm$ 0,1 bis $\pm$ 0,5% des angegebenen Wertes. Diese Genauigkeit soll der einer chemischen Analyse bzw. der der bisher üblichen Zählrohrmethode, die auf der Messung der Betastrahlung beruht, gleichwertig sein. Eine Störung der Meßergebnisse, wie sie sich bei der Zählrohrmethode durch Uran, Thorium oder dessen Zerfallsprodukte selbst in geringeren Spuren nachteilig bemerkbar macht, wird bei der Gammameßmethode nicht verzeichnet. KLARNER

BEUS, A. A.

Grundzüge der Geochemie des Berylliums im hydrothermal-pneumatolytischen Prozeß

Fragen der Mineralogie, Geochemie und Genese von Lagerstätten seltener Elemente, Folge 2, Moskau 1959, S. 7–18

Eine Zufuhr und Konzentration von Be erfolgt bei dieser Lagerstättenbildung in Zusammenhang mit der nachmagmatischen Veränderung der Granite. Im Stadium der frühen Na-Metasomatose, die sich in der Albitisierung der Granite äußert, tritt eine Be-Anhäufung auf.

Der Autor geht besonders auf das Vorhandensein von Be in Greisen ein. Die Hauptmenge von Be befindet sich in der äußeren Zone und im Zentralteil des Greisenkörpers. Die Konzentration von Be wird durch das Verhältnis von Alkalität zu Azidität bestimmt. Bei einer Erhöhung der Alkalität verringert sich die Beweglichkeit von Be.

Weiterhin gibt der Verf. eine geochemische Charakteristik des Verhaltens von Be in Verbindung mit F, Fe und Karbonaten. In vielen Lagerstätten zeigt sich ein enger Zusammenhang von F mit Be. Drei Faktoren bestimmen z. B. die Ausfällung von Be bei der Skarnbildung: a) die verschiedene Migrationsfähigkeit von Si und Al (führt zur Bildung unterschiedlicher Be-Mineralien), b) die absolute Konzentration von Si (Silikatminerale hindern die Bildung von Be-Mineralien, Be nur dispers verteilt), und c) die Möglichkeit der Zufuhr von Be wird durch die Konzentration von F in den pneumatolytischen Lösungen bestimmt. Be wird als BeF_2 zugeführt. Die Reaktion von F mit Ca führt zur Erhöhung des p_H-Wertes der Lösungen und damit zur Ausfällung von Be. Eine rhythmische Veränderung des p_H-Wertes ergibt gebänderte Texturen mit dementsprechend angeordneten Mineralassoziationen. By.

LOGINOW, W. P.

Die Haupttypen der primären Zonarität in den Kieslagerstätten des Urals

Aus: „Materialien für die Allunionsberatung zur Erarbeitung wissenschaftlicher Grundlagen für das Aufsuchen verborgener Erzkörper (Thesen der Vorträge und Mitteilungen), Moskau 1958

Der Autor beschreibt einige Regelmäßigkeiten des zonaren Baues uralischer kupfer- und zinkführender Kieslagerstätten. Die Kieskörper sind im allgemeinen dem umliegenden gefalteten Gebirge konform eingeschaltet und zeigen Spuren metamorpher Überprägung. Die zonare Verteilung der Metalle in den Schwefelkieserzkörpern wird von den bisherigen Bearbeitern nicht einheitlich gedeutet, insbesondere ist die Wirkung der Metamorphose umstritten. Verf. beschränkt sich daher auf eine Synopsis der Beobachtungen, die er gelegentlich genetisch deutet.

Er geht vor allem auf die Zonarität der Einzelkörper ein, erwähnt aber auch die Zonarität innerhalb eines „Schwarms" von Kieskörpern.

Der Autor unterscheidet folgende Typen der Zonarität:

1. Vertikale Zonarität, von der unteren Flanke des steileinfallenden Kieslagers, die Schwefelkieserz enthält, zur oberen Flanke gerichtet, die mit Cu- und Zn-Sulfiden angereichert ist.
2. Vertikale Zonarität, gerichtet vom Liegenden der Schwefelkieserzseite des Erzlagers, die durch ein primäres flaches Einfallen charakterisiert ist, zum Hangenden, das relativ mit Cu- und Zn-Sulfiden angereichert ist (z. B. die Erzkörper der Lagerstätten Karpuschichinsk, Schaitansk, III. Internationale und Djogtjarsk im Mittelural; Utschalinsk und XIX. Parteitag im Südural).
3. Anreicherung der Buntmetalle am Rande der Kieskörper. Zwischen 1 und 2 gibt es Übergänge. Der dritte Fall tritt meist gemeinsam mit dem ersten oder zweiten auf. Charakteristisch ist, daß beim Typ 1 und 2 die Zonarität des Erzes von der des Nebengesteins begleitet wird. Die buntmetallführenden Teile sind von nicht oder wenig umgewandeltem Gestein umgeben. Das eigentliche Schwefelkieslager dagegen liegt in der hypogenen Auslaugungszone (Quarz-Serizit-Gesteine, sekundäre Quarzite). Am Schluß seiner Arbeit zeigt der Autor, wie diese speziellen lagerstättenkundlichen Untersuchungsergebnisse als Erkundungskriterien dienen können. KAEMMEL

HAW, V. A.

Schwefel

Canadian Mining Journal, Febr. 1959

Vor wenigen Jahren mußte in Kanada noch der größte Teil des Schwefels importiert werden, jetzt ist genügend Schwefel im Lande verfügbar. In zwei Jahren soll in der Schwefelerzeugung Kanada nach den USA den zweiten Platz in der Welt einnehmen. Zwei Faktoren trugen zu der wesentlich veränderten Lage bei: einmal der außerordentlich gestiegene Bedarf der Uranproduzenten an Schwefelsäure als Laugemittel, zum anderen die rasch ansteigende Erdgasproduktion mit ihren Nebenprodukten, darunter auch Schwefel.

Unter Schwefel werden hier der aus schwefelwasserstoffhaltigen Gasen gewonnene gediegen Schwefel sowie Schwefelsäure und schweflige Säure verstanden, die bei der Abröstung von Pyrit und Magnetkies sowie Buntmetallsulfiden erzeugt werden. Im Jahre 1958 wurden die Einrichtungen zur Gewinnung von gediegen Schwefel wesentlich erweitert. In Pincher Creek in Alberta werden zur Zeit 400 tato Schwefel aus Erdgas erzeugt. 1959 soll eine Kapazität von 675 tato erreicht sein. In Montreal East wird Schwefel durch den CLAUS-Prozeß aus Abgängen von fünf Erdölraffinerien mit einer Kapazität von 100 tato gewonnen. Im Gebiet von Fort St. John in British Columbia steht eine Anlage zur Gewinnung von 300 tato Schwefel aus Erdgas. Auf dem Steelman-Gasfeld in Saskatchewan werden 7,5 tato Schwefel und aus drei anderen Gasvorkommen in Alberta etwa 45 000 jato Schwefel aus Erdgas abgetrennt. Weiterhin hat die INCO ein Verfahren zur Gewinnung von Schwefel aus Anodenschlämmen der Nickelraffinerie Port Colborne entwickelt.

Zur Deckung des enormen Schwefelsäurebedarfs der Uranindustrie im Blind River-Gebiet in Ontario wurde eine neue große Schwefelsäureanlage in Cutler mit einer Kapazität von 800 tato errichtet, die Schwefelsäurefabrik in Copper Cliff wurde um 270 tato erweitert. REH

FLACHSENBERG, P.

Neuere Entwicklungen auf dem Gebiete des Sinterdolomites

„Sprechsaal", Jg. 93 (1960), S. 123—126

Der Autor berichtet über den Stand der neuesten Entwicklung und der industriellen Herstellung von gebrannten Dolomitprodukten. Der MgO-Gehalt des Dolomitsteins soll nicht unter 18,5% (theoretisch 21,8%) liegen. Zusätzliche Kalksteingehalte mindern die Qualität des Sinterdolomits. Natürliche Beimengungen, wie SiO_2, Al_2O_3 und Fe_2O_3, die den Sinterprozeß begünstigen, sind erwünscht, wenn ihr Gehalt unter 3% liegt. Die Zusammensetzung des Rohsteins soll nur in engen Grenzen variieren. Gegebenenfalls sind ungeeignete Partien im Bruch auszuschalten.

Das Brennen und Sintern kann in Drehöfen oder in Schachtöfen erfolgen. Der Drehofen erzeugt einen gleichmäßigen und sehr dichten Sinter mit 4—8% Porosität und einem Schüttgewicht der Kornfraktion 5—12 mm von 1650—1750 g/l. Allerdings sind sehr hohe Temperaturen von 1700—1800°C notwendig, wenn höchste Feuerfestigkeit verlangt wird. Im Schachtofen werden Temperaturen bis 1600°C erreicht. Infolge der ungleichmäßigen Temperaturverteilung im Ofen und der Grobstückigkeit des Aufgabegutes entsteht kein völlig gleichmäßig gesintertes Material. Die Sinterung ist nicht so scharf, die Porosität beträgt 20—40 Volumenprozent, das Schüttgewicht der Körnung 5—12 mm 1150—1300 g/l. Solches Material eignet sich besser zur Herstellung von Teerdolomit, da der Teer in die Poren eindringt. Es besteht die Tendenz, die Brennvorgänge auch im Drehofen so zu steuern, daß ein für Teerdolomit geeignetes Material gewonnen werden kann.

Verwendungszwecke

1. Teerdolomitstampfmasse

Schwerpunkt der Anwendung war und ist der basische Thomaskonverter. Vor allem der Konverterboden ist großen Beanspruchungen ausgesetzt. Die ersten Konverterböden hielten nur 10—20 Schmelzen aus. Heute werden etwa 80—100 Chargen erreicht. Auf Grund der praktischen Erfahrungen sollen die hierfür verwendeten Körnungen auch Stücke bis 20 mm enthalten. Zur Herstellung eines derartigen Kornaufbaues wird vielfach der Kollergang benutzt. Es ist zweckmäßig, das zerkleinerte Material abzusieben und daraus die gewünschte Mischung wiederherzustellen.

2. Teerdolomitsteine

Durch Verpressen der Teerdolomitmasse erhält man Steine höherer Verdichtung und besserer Festigkeit. Sie werden für Ofenwände verwendet. Sie sind jedoch nicht lange lagerfähig, sondern zerfallen nach wenigen Tagen. Durch eine definierte Temperaturbehandlung kann man sie haltbarer machen.

3. Dolomitblöcke

Die neuere Entwicklung strebt nach der Herstellung weniger, aber großformatiger und segmentförmiger Blöcke. Teerdolomit wird dazu in entsprechende Formen gestampft und anschließend an der Oberfläche durch einen Spezialteer gegen eindringende Feuchtigkeit ausreichend geschützt. Diese Dolomitblöcke stehen bereit, um nach Ausbrechen des verbrauchten Futters den Ofen in kürzester Zeit wieder betriebsfertig zu bekommen.

4. Hochfeuerfeste Sinterdolomitsteine

Vor und während des Krieges hat man in Frankreich und England Steine mit keramischer Bindung hergestellt. In Deutschland begann die Produktion nach 1945. Als Rohmaterial wird ein sehr hoch gesinterter Dolomit mit einer Porosität unter 6% verwendet. Wichtig ist ein gleichmäßiger Kornaufbau, der durch Brechen und Sieben erreicht wird. Die verlangten Feuerfest-Eigenschaften sind in DIN 1064—1069 angegeben.

Verwendung: in der Stahlindustrie zum Auskleiden von Siemens-Martin-Öfen, für Lichbogenöfen, Roheisenmischer, Pfannen, Heißwind-Kupolöfen, Tieföfen, Wärmeöfen; in den Dolomit- und Kalkwerken zur Ausmauerung der Schacht- und Drehöfen; ferner in der Zementindustrie.

5. Stabilisierter Sinterdolomit und stabilisierte hochfeuerfeste Dolomitsteine

Das gesinterte MgO ist praktisch inaktiv. CaO ist feuchtigkeitsempfindlich, auch nach höchster Temperaturbehandlung. Es muß daher chemisch abgesättigt werden. Am besten erfolgt das durch Bindung an Kieselsäure. In England ging man in dieser Hinsicht bereits zu einer Produktion über. In Deutschland ist man ebenfalls bestrebt, solche Steine industriell herzustellen.

HASS

POMPER, J. & K.-B. JUBITZ

Der Schaumkalk von Freyburg/Unstrut, ein hochwertiger Werk- und Ornamentstein

Silikattechn., Jg. 11 (1960), Nr. 4, S. 167–174

Der Freyburger Schaumkalk wurde beim Bau des Naumburger Doms und neuerdings bei verschiedenen Institutsbauten in Jena und im Pergamonmuseum verwendet. Dieses wertvolle Gestein verdient es, daß ihm im Rahmen der Reorganisation unserer Natursteinindustrie besondere Beachtung gewidmet wird.

Der Schaumkalk tritt an der Grenze zum Mittleren Muschelkalk in 2 Bänken auf, von denen die untere mit 4 m Mächtigkeit im Westen und 2 m im Osten die wertvollere ist. Das Haupverbreitungsgebiet ist der Nordteil der sogenannten Naumburger Mulde. Wirtschaftlich wichtige Faktoren sind die gleichmäßige Ausbildung des Gesteins, der Anfall möglichst großer Blöcke, tragbare Deckgebirgsmächtigkeit sowie Verwendbarkeit des Abraums in einer Nebenproduktion und günstige Verkehrslage.

Zum Teil ist der Schaumkalk dolomitisiert und unbrauchbar. Auch Einlagerungen von groben Schillbänken und Konglomeraten können die Qualität beeinträchtigen.

Der Aufsatz gibt wertvolle Hinweise über Erkundungsmöglichkeiten und enthält ausführliche Angaben über physikalische und technische Eigenschaften des Gesteins.

Einige Rekonstruktionshinweise befassen sich unter anderem mit der Zentralisierung und Mechanisierung der Gewinnung. Als nächstes werden gefordert: Mechanisierung der Abraumbeseitigung, Blocktransport in der trockenen Jahreszeit, Modernisierung der Verarbeitungsbetriebe und Steuerung der Werksteinproduktion im engen Kontakt mit dem Baugeschehen.

HASS

HEITFELD, K. H.

Kleinlochbohrungen zur Klärung der geologischen Verhältnisse und für die Untergrunddichtung im Talsperrenbau

Erdölzeitschrift, 73. Jahrgang, November 1957

Nach einer Einleitung, in der kurz die geologischen Untersuchungsmethoden beim Talsperrrenbau angeführt werden, geht der Verfasser auf die einzelnen Bohrmethoden ein. Er fordert für geologische Aufschlußbohrungen grundsätzlich Diamantbohrkronen und begründet dies mit der Erreichung höheren Kerngewinnes, besseren Möglichkeiten der Durchführung von Wasserdurchlässigkeitsprüfungen und geringen Abweichungen der Bohrungen. Als Bohrmaschinen werden solche vom Typ Craelius XH 50 und XC 42 sowie Wirth HS 51 genannt.

Vom Verfasser werden folgende Untersuchungsverfahren gefordert: „Bohrkernbearbeitung einschließlich chemischer, mikropetrographischer und mikropaläontologischer Untersuchungen." Wasserdurchlässigkeitsprüfungen sollten in allen Bohrlöchern, auch außerhalb des Sperrstellenbereiches, durchgeführt werden. Geophysikalische Widerstands- und Eigenpotentialmessungen brachten an der Hennetalsperre keine eindeutigen Ergebnisse. Es soll jedoch versucht werden, „auch hier in Verbindung mit anderen Verfahren (Gamma-Strahlen-Messung, Temperaturmessung usw.) weiterzukommen". Als sehr wichtig werden Abweichungsmessungen der Bohrlöcher angesehen.

Ein Abschnitt ist der Erkundung von Baumaterial gewidmet. Interessant ist, daß es nach Ansicht des Verfassers genügt, „wenn die allgemeinen Lagerungsverhältnisse bekann sind und lediglich die Grenze zweier petrographisch gut voneinander trennbarer Gesteine festzulegen ist", nur mit Hilfe von Vollkronenbohrungen, d. h. also ohne Kerngewinn, zu arbeiten. Die Grenze wird dann nur an Hand des Spülgutes mit der Lupe oder mit dem Mikroskop bestimmt.

Der größte Teil der Arbeit ist dem Dichtungsschleier gewidmet. An der Hennetalsperre wurden zur Voruntersuchung am wasserseitigen Dammfuß etwa alle 20 m Bohrungen bis zu Tiefen von 70–120 m niedergebracht. Bis die geologische Situation klar erkannt ist, wird mit Kernbohrungen gearbeitet.

Später kann auch zwecks Kosteneinsparung zur Vollkronenbohrung übergegangen werden.

Allerdings machen sich dann verfeinerte Untersuchungsmethoden erforderlich. Der Bohrschmand wird mikroskopisch untersucht. Weiterhin werden die Arbeiten mit Doppel- und Einfachpacker sowie die Fehlerquellen und deren Behebung diskutiert. Da die WD-Untersuchungen keine absoluten Aussagen über Form und Ausbildung der Klüfte und Spalten gestatten, wird das Arbeiten mit geophysikalischen Methoden und mit der optischen Bergsonde von Dr.-Ing. MÜLLER, Salzburg, empfohlen.

Bei der Anlage des Dichtungsschleiers steht nicht der geologische Aufschluß, sondern die rentable betriebliche Arbeit im Vordergrund, so daß auf Kernbohrungen verzichtet werden kann. An der Hennetalsperre wurden 3 Bohrverfahren nebeneinander erprobt:

a) schlagendes Bohrverfahren mit Hartmetallkronen,
b) drehendes Bohrverfahren mit Hartmetallkronen,
c) drehendes Bohrverfahren mit Diamantkronen.

Wichtig ist für uns die Erkenntnis, daß, obwohl in Deutschland früher fast nur mit Schlagbohrungen gearbeitet wurde, sich eine Umstellung auf Diamantvollkronenbohrungen erforderlich machte, „da das Schlagbohrverfahren und das Hartmetallbohrverfahren einige wesentliche Nachteile aufweisen". Die Gegenüberstellung ist sehr anschaulich (S. 316).

Interessant ist auch die Feststellung, daß sich bei Schleiertiefen von 35 m Kostengleichheit zwischen Hammerbohrungen und Diamantvollkronenbohrungen ergibt und bei größeren Tiefen des Schleiers das Arbeiten mit Diamantvollkronenbohrungen sogar wirtschaftlicher ist als mit Hammerbohrungen.

Abschließend wollen wir feststellen, daß sich die Ergebnisse des Verfassers mit unseren Ergebnissen decken, die wir bei Arbeiten am System der Bodetalsperren und an anderen Talsperren der Deutschen Demokratischen Republik gewonnen haben. Leider wurden bei uns noch nicht die entsprechenden Konsequenzen gezogen. Die Arbeit HEITFELDS stellt eine wertvolle Bereicherung unserer Erkenntnisse über geologische und bohrtechnische Untersuchungsarbeiten bei Talsperrenbauten dar. Sie gibt nicht nur dem Geologen, sondern allen im Talsperrenbau tätigen Ingenieuren und Technikern wertvolle Anregungen.

Bohrverfahren: Schlagbohrverfahren mit Hartmetallkronen.

Vorteile:

1. Geringe Gerätekosten;
2. Geringe Bohrmeterkosten bei kleineren Bohrtiefen;
3. Gute Transportierbarkeit der Geräte;
4. Geringes Gewicht und Raumbedarf;
5. Gute Bohrleistungen in geringen Teufen und weichem Gebirge.

Nachteile:

1. Bohrtiefe maximal ca. 50 m;
2. Schlechte Spülungsverhältnisse;
3. Starke Abweichung der Bohrungen ab ca. 20 bis 25 m Tiefe;
4. Schlechtes Austragen des Bohrgutes von bestimmter Tiefe ab. Laufende geologische Untersuchungsmöglichkeiten behindert;
5. Unrunde Bohrungen, keine glatte Bohrlochwand, schlechter Packersitz usw.;
6. Übergang auf Kernbohrung nicht möglich;
7. Keine Möglichkeit des Verpressens der Bohrungen von unten nach oben;
8. Bohrleistungen mit zunehmender Tiefe stark zurückgehend;
9. Starke Erschütterung der Umgebung des Bohrloches beim Bohren, Schlagen des Gestänges an der Bohrlochwand. Neigung zu Nachfall.

Bohrverfahren: Drehbohrverfahren mit Hartmetallkronen.

Vorteile:

1. Bohrmeterkosten entsprechend Schlagbohrverfahren;
2. Relativ gute Transportierbarkeit der Geräte;

3. Relativ geringes Gewicht und Raumbedarf;
4. Bohrung rund mit verhältnismäßig glatten Bohrlochwandungen, relativ guter Packersitz;
5. Übergang auf Kernbohrung möglich, jedoch zum Teil schlechter Kerngewinn.

Nachteile:
1. Geringer Bohrfortschritt in hartem Gebirge;
2. Spülungsverhältnisse ungünstiger als bei Diamantdrehbohrverfahren. Wegen groben Bohrgutes Ringraum mindestens 4 mm. Nachspülung erforderlich;
3. Sehr starke Abweichung der Bohrungen infolge hohen Bohrdruckes und schlechter Führung. Abweichung nur bis ca. 15 bis 20 m Tiefe in vertretbaren Grenzen;
4. Wegen des hohen Andruckes starke Spannvorrichtung erforderlich.

Bohrverfahren: Drehbohrverfahren mit Diamantkronen

Vorteile:
1. Bohrtiefe beliebig;
2. Ausgezeichnete Spülungsverhältnisse;
3. Sehr gute Bohrleistungen auch in Tiefen ab 50 m;
4. Geringe Abweichung der Bohrung (vor allem bei Kernbohrungen);
5. Gutes Austragen des Bohrgutes, ständige geologische Überwachung und Auswertung möglich;
6. Bohrungen kreisrund mit glatten Bohrlochwänden, guter Packersitz;
7. Vollkronenbohrung kann jederzeit auf Kernbohrung umgestellt werden; Verbesserung der geologischen Untersuchungsmöglichkeiten.

Nachteile:
1. Hohe Gerätekosten;
2. Höhere Bohrmeterkosten als bei Schlagbohrungen bis ca. 35 m Tiefe;
3. Bohrmaschinen schwer zu transportieren; Ausgleich durch entsprechende Einrichtung bei Schleierbohrungen (Gleisbetrieb).

F. Reuter

Franz, H.

Feldbodenkunde — Als Grundlage der Standortsbeurteilung und Bodenwirtschaft mit besonderer Berücksichtigung der Arbeit im Gelände

583 S., 54 Abb., 12 farbige Bodenprofile – Verlag Georg Fromm & Co, Wien und München 1960

Verf. hat sich die Aufgabe gestellt, vor allem solche bodenkundlichen Erkenntnisse zu vermitteln, die geeignet sind, den Boden im Gelände zu beurteilen und aus der Bodenbeurteilung praktische bodenwirtschaftliche Schlußfolgerungen abzuleiten.

Nach Besprechung der Minerale und Gesteine, der geologischen Formationen, der Grundvorgänge der Bodenbildung und Bodenentwicklung, der Tonminerale, der Korngrößenzusammensetzung und der organischen Anteile der Bodensubstanz betont Verf., daß die Aufrechterhaltung des biologischen Gleichgewichtes innerhalb der Biozönose, wie es in fruchtbaren Böden von Natur aus gegeben ist, die Erhaltung der Leistungsfähigkeit der Böden bedingt und einen wirksamen Schutz gegen Schädlingskalamitäten darstellt.

Deshalb ist das Kontinuitätsprinzip zu beachten, wonach für die günstige Entwicklung der Bodenorganismen ein Jahr für Jahr gleichbleibendes Milieu die Grundvoraussetzung bildet. Die Bodennutzung ist demnach so einzurichten, daß wieder größere Milieustetigkeit erreicht wird.

Die Bodenkolloide, ihre Bedeutung für die Bodendynamik und die physikalischen Bodeneigenschaften bilden die Schlußteile dieses Abschnittes.

Eine besonders eingehende Darstellung erfahren die Bodentypen, die vielleicht etwas straffer hätten behandelt werden können. Ob der vom Verf. gebrauchte Begriff „Untypische Bodenbildungen" im Sinne einer konsequenten Einordnung nach Bodenbildungsräumen (terrestrische, semiterrestrische, subhydrische Böden) und nach der genetischen Entwicklung zweckmäßig ist, bedarf wohl noch der Bestätigung.

Der Boden beeinflußt nicht nur die Vegetation, sondern wird auch umgekehrt durch Vegetation und Bodenleben in hohem Maße mitgeprägt. Aus diesen Wechselbeziehungen zwischen belebter und unbelebter Natur für die Praxis Schlußfolgerungen zu ziehen, ist das Anliegen des Verf. im letzten Abschnitt (ca. 200 S.) dieses Buches. Mit Recht warnt er, Erscheinungen im Boden, die Wissenschaft und Praxis in gleicher Weise Sorge bereiten, durch einseitige Maßnahmen beheben zu wollen, z. B. Strukturmängel, abnehmender Humusgehalt, Verschlechterung des Wasserhaushaltes, abnehmende biologische Tätigkeit, sinkende Wirkung der Mineraldünger, Kalkmangel usw. — Mit der schnellen Entwicklung des Bergbaues treten in immer steigender Ausdehnung anthropogene Böden (Kippen) auf, bei deren Aufschüttung diese Zusammenhänge sorgfältige Beachtung verdienen.

Von diesem Blickwinkel aus werden Bodenschätzung und Probleme der Bodenfruchtbarkeit, die praktische Bodenbeurteilung und Fragen der Bodenbearbeitung besprochen. Auch die mineralische Düngung, Bodenbegiftungsmittel und Krümelstabilisierung mit chemischen Mitteln gehören zum Inhalt dieses Abschnittes. Einen besonderen Platz nimmt die Humuswirtschaft ein, zu der auch die Humusbilanz in ihrer Abhängigkeit von den natürlichen und anthropogenen Milieufaktoren zu zählen ist. Die künstliche Regelung des Bodenwasserhaushaltes und ein Ausblick auf die Bodenwirtschaft als Standortfaktor bilden die Schlußkapitel dieses Buches.

Im ganzen gesehen, wird das Werk bei Studierenden eine breite Spur von Erkenntnissen hinterlassen, aber auch der beruflich Tätige wird es gern und oft zur Hand nehmen.

W. Weisbrod

Zebisch, H.

Über die Gewinnung, das Waschen, Entwässern und Klassieren von Sand mit Linatex-Anlagen

„Montan-Rundschau", Jg. 7 (1959), H. 12, S. 281—283

Der Verfasser berichtet über den Einsatz von Hydrozyklonen (sog. Linatex-Separatoren) zur Gewinnung von Sand aus Sieb- und Waschwässern, wobei das besondere Kennzeichen dieses Verfahrens darin besteht, daß ein Endprodukt geliefert wird, das frei von Abschlämmbarem ist, auf einen Trockengrad von maximal 15—20% Restfeuchte gebracht wird und mit einem fast 100%igen Wirkungsgrad hinsichtlich der Ausbeute arbeitet. Gleichzeitig wird ein Klassiersystem beschrieben, das es gestattet, den Natursand so zu behandeln, daß er mit einem Durchgang gleich Produkte ergibt, die sofort bei der Betonherstellung verarbeitet werden können. Hierbei gelangen ebenfalls Hydrozyklone zum Einsatz. Durch dieses Verfahren wird das erste ergänzt und erlaubt im gleichen Durchgang eine Trennung des aufgegebenen Sandes in zwei Fraktionen, wobei die Korngröße, bei der getrennt werden soll, innerhalb der üblichen Bereiche beliebig gewählt werden kann. Auch hier fallen die Endprodukte — Feinfraktion und Grobfraktion — praktisch trocken und bunkerfähig sowie frei von Abschlämmbarem an.

Es dürfte im Hinblick auf die verstärkte Bautätigkeit in unserer DDR sicher in absehbarer Zeit notwendig werden, solche Verfahren in den Kies- und Sandwerken verstärkt einzuführen, um auch solche Kiese und Sande zur Betonherstellung zu benutzen, die noch im Augenblick den gültigen Normen hinsichtlich der Siebkennlinie nicht entsprechen.

— Ul —

Gerassimow, I. P. & J. N. Iwanowa

Drei Richtungen in der Bodenklassifizierung und ihre Beziehungen

Sowjetwissenschaft, Naturwiss. Beiträge, H. 5, 1960, S. 476—497

Die beiden Autoren stellen einleitend fest, daß über die Fragen der Bodenklassifikation wohl eine umfangreiche Literatur vorliegt, in den verschiedenen Ländern jedoch sehr unterschiedliche Auffassungen in den der Klassifizierung und Nomenklatur zugrunde liegenden wissenschaftlichen Prinzipien bestehen. Das erschwert die internationale Verständigung auf diesem Forschungsgebiet und behindert den Austausch theoretischer Erkenntnisse und praktischer Erfahrungen.

Sie untersuchen dann die historische Entwicklung der am meisten verbreiteten sowjetischen (bzw. russischen), westeuropäischen und amerikanischen Richtungen der Bodenklassifizierung und ihre Wechselbeziehungen. Diese werden textlich kurz herausgestellt und weiterhin durch eine Anzahl sehr instruktiver tabellarischer Übersichten der jeweils gebräuchlichen Klassifikationsschemata dargelegt.

Ziel der Arbeit ist es, Ansatzpunkte für die Aufstellung einheitlicher und aufeinander abgestimmter Prinzipien der Bodenklassifizierung als Synthese der besten Ergebnisse der besprochenen wissenschaftlichen Richtungen zu gewinnen.

Heute ist erkennbar, daß sowohl die westeuropäischen wie auch die amerikanischen Bodenkundler bestrebt sind, in ihren neuesten Arbeiten die grundlegenden Gedankengänge der von DOKUTSCHAJEW entwickelten Theorien schöpferisch anzuwenden. Ein allen Klassifizierungssystemen gemeinsames Merkmal ist die jetzt stärkere Betonung der niederen taxonomischen Kategorien, mit denen auch diejenigen Kriterien erfaßt werden, die neben den übergeordneten genetischen Prinzipien die Grundelemente einer detaillierten Kartierung für die praktische Bodennutzung bilden und über den Komplex der örtlich besonders interessierenden Bodeneigenschaften aussagen, wie die mechanische Zusammensetzung und vor allem die durch das Muttergestein geprägten mineralogischen und petrographischen Besonderheiten.

Insgesamt gesehen, gibt die Abhandlung eine wertvolle Information über die Grundzüge der im Weltmaßstab gebrauchten Klassifizierungssysteme.

SIEBENHAAR

Neuerscheinungen und Literaturhinweise

SUWOROW, A. I.
Zur Frage der gefalteten Schollenstrukturen und der dafür zu verwendenden Begriffe und Termini
Bjull. mosk. Ob. Ispyt. prirody. Otd. geol., Moskau, 34, H. 4, S. 17–30 (1959).

MATĚJKA, u. a.
Tektonische Entwicklung der Tschechoslowakei
CSAV, 1960, 216 S.

LUSZNAT, M.
Die tektonische Prägung der metamorphen Zone des Südostharzes und das Problem ihrer Altersstellung
Akademie-Verlag, Berlin, 1959. – 72 S., 8 Taf., 3 Kt.

Autoren-Kollektiv
Der geologische Aufbau Ostsibiriens. Arbeiten der Konferenz zur Entwicklung der Produktivkräfte Ostsibiriens
Isd-wo AN SSSR, 1960, 272 S.

SHDANOW, M. A. u. a.
Vorratsberechnungsmethoden und Erforschung von Erdöl und Erdgas
Gostoptechisdat, Moskau, 1959. – 313 S.

NUROK, G. A. & V. A. BRITAREW
Fragen der hydraulischen Kohlegewinnung im Tagebau
„Ugol", H. 10, 1959, S. 16–19

Autoren-Kollektiv
Wissenschaftliche Probleme bei Aufschluß und Abbau von Minerallagerstätten
Izd. akad. nauk SSSR, Moskau, 1959. – 333 S.

MEIXNER, H.
Kraubather Lagerstättenstudien. V. Die Nickelmineralisation im Kraubather Serpentingebiet
„Berg- und Hüttenm. Monatsh.", Jg. 104 (1959), H. 4, S. 83–87
J. S. Afric. Inst. Min. Met., 1958/59, Nr. 12, S. 640–656

SERDJUTSCHENKO, D. P. u. a.
Eisenerze in Südjakutien, ihre stoffliche Zusammensetzung, ihre Herkunft und ihr industrieller Wert
Isd-wo AN SSSR, 1960, 608 S.

KIRCHHEIMER, F.
Über radioaktive und uranhaltige Thermalsedimente, insbesondere von Baden-Baden
Herder-Verlag, Freiburg i. Br., 1959. – 67 S., 7 Taf.

EPSTEIN, J. F. u. a.
Neue Methoden der Gesteinszerstörung
Gostoptechisdat, Moskau 1960, 96 S.

Nachrichten und Informationen

20jähriger geologischer Erkundungsplan der Sowjetunion

Die „Berliner Zeitung" Nr. 94 vom 8. 4. 1960, S. 5, teilt mit:

„Ein Generalplan für geologische Erkundungsarbeiten in den nächsten 20 Jahren wird jetzt vom Ministerium für Geologie der UdSSR ausgearbeitet. Als Problem Nr. 1 gilt dabei die Erkundung von Gas- und Erdölvorkommen. In den nächsten 20 Jahren werden allein an tiefen Bohrlöchern in der Sowjetunion Bohrungen mit einer Tiefe von insgesamt 300 Millionen Metern niedergebracht.

Als die aussichtsreichsten Erdgasvorkommen schätzen die sowjetischen Geologen gegenwärtig die Darwasiner-Vorkommen im Zentrum der Wüste Karakum. Vorläufigen Schätzungen nach ist das Vorkommen noch größer als die bereits bekannten Erdgaslagerstätten von Gasli in Usbekistan. Das sowjetische Mittelasien wird dadurch an Bodenschätzen dem Mittleren Osten nicht nachstehen.

In dem vergangenen Jahrzehnt haben sich die erkundeten Eisenerzvorkommen in der Sowjetunion fast verzehnfacht. Nach letzten Schätzungen verfügt die Sowjetunion über mehr als die Hälfte der Weltvorkommen an Eisenerz. Der 20-Jahr-Plan für die geologische Forschung soll dem sowjetischen Eisenhüttenwesen den Weg nach dem Osten, hinter den Meridian von Irkutsk, eröffnen. In Südjakutien sind nach Milliarden Tonnen zählende Eisenerzvorkommen entdeckt worden, in deren Nähe sich auch neue Lager von Kokskohle befinden.

Ein neues Zentrum der Eisenmetallurgie der Sowjetunion wird auch im Fernen Osten entstehen, wo am Oberlauf des Flusses Seja reiche Erzlager gefunden wurden. Damit werden sowjetische Hüttenzentren fast das gesamte Territorium vom Asowschen Meer bis zum Amur überziehen.

Auf 7,5 Billionen Tonnen werden gegenwärtig die Kohlevorräte der UdSSR geschätzt. Leicht zugänglich davon sind bereits unter heutigen Bedingungen 1,1 Billionen Tonnen. Davon sind für die Tagebauförderung insbesondere alle am großen sibirischen Verkehrsweg gelegenen Reviere von Krasnojarsk, Irkutsk, im Transbaikalgebiet, im Amurgebiet und im Fernen Osten geeignet. Die sibirische Kohle, deren Vorräte fast auf der Oberfläche liegen, ist nicht teurer als Erdöl und Gas. Mit ihr kann Elektroenergie fast ebenso billig erzeugt werden wie mit Wasserkraft. Deshalb werden jetzt in Sibirien mehrere Wärmegroßkraftwerke gebaut."

Industrialisierungsgrad, gemessen am Stahlverbrauch

Der „Industriekurier" Nr. 3 vom 9. 1. 60 faßt nach dem Pro-Kopf-Verbrauch an Stahl den Grad der Industrialisierung in folgende Gruppen zusammen:

1. Länder mit einem Stahlverbrauch von 200 kg und mehr pro Kopf sind hochindustrialisiert, wobei verschiedene Entwicklungsstufen berücksichtigt sind.

2. Weitgehend industrialisiert sind Länder mit einem Pro-Kopf-Verbrauch von 100–200 kg, wobei Steigerungen mit der weiteren Industrialisierung zu erwarten sind.

3. Als noch weiter entwicklungsfähig können die Länder bezeichnet werden, deren Stahlverbrauch von 50 kg bis unter 100 kg pro Kopf der Bevölkerung beträgt.

4. Zu den sogenannten unterentwickelten Ländern gehören alle diejenigen Länder, deren Stahlverbrauch unter 50 kg pro Kopf der Bevölkerung liegt.

Der sichtbare Stahlverbrauch (in Rohstahlgewicht) lag im Jahr 1957 in den USA bei einem Pro-Kopf-Verbrauch von 568 kg.

Es folgen dann Schweden mit 420 kg und Kanada mit 403 kg. Zu den Ländern, deren Kopfquote 1957 zwischen 300 bis 400 kg betrug, gehören: die Bundesrepublik einschl. Westberlin, Großbritannien, Tschechoslowakei, Australien, Belgien-Luxemburg und Frankreich einschl. Saargebiet.

Über 200 bis unter 300 kg lag 1957 der Stahlverbrauch pro Kopf der Bevölkerung in folgenden Ländern: Schweiz, UdSSR (Rußland), Niederlande, Norwegen, Finnland, Venezuela, Österreich und Dänemark.

Bemerkenswert ist, daß der Stahlverbrauch der UdSSR 1957 insgesamt 52,7 Mill. t betragen hat. Er lag damit um rd. 5,5 Mill. t über dem Stahlverbrauch der Länder der Montanunion.

Alle vorstehend erwähnten Länder können demnach als hochindustrialisiert gelten.

Zu der 2. Stufe, d. h. zu den Ländern, die als weitgehend industrialisiert angesehen werden können, gehören: Polen, Italien, Japan, Ungarn, Neuseeland, Südafrikanische Union, Hongkong, Israel und Syrien-Libanon.

Noch weiter entwicklungsfähige Länder sind Rumänien 90 kg, Argentinien 71 kg, Chile 70 kg, Jugoslawien 62 kg, Spanien 55 kg und Uruguay 53 kg.

In der Gruppe der sog. unterentwickelten Länder hatten 1957 einen Stahlverbrauch von 20 bis unter 50 kg pro Kopf der Bevölkerung: Kuba 45 kg, Malaya 44 kg, Mexiko 43 kg,

Irland 37 kg, Griechenland 33 kg, Nord- und Südrhodesien 32 kg, Brasilien 31 kg, Algerien 28 kg und Kolumbien 21 kg.

Bei folgenden Ländern lag der Stahlverbrauch 1957 von 10 bis unter 20 kg: Peru 18 kg, Philippinen 17 kg, Belgisch-Kongo 16 kg, Iran 15 kg, Tunesien 12 kg, Türkei 12 kg, Saudi-Arabien 11 kg und Marokko 10 kg.

Einen Stahlverbrauch von unter 10 kg pro Kopf der Bevölkerung hatten 1957: China, Indien und Ägypten mit je 9 kg, Franz. Westafrika mit 7 kg, Brit. Ostafrika mit 6 kg, Ceylon mit 4,6 kg, Brit. Westafrika mit 4 kg, Indonesien mit 3,7 kg und Pakistan mit 3,6 kg.

In der oben wiedergegebenen recht ausführlichen und beachtenswerten Zusammenstellung ist die DDR vom Düsseldorfer „Industriekurier" vergessen worden! E.

Gasproduktion der Europäischen Wirtschaftsgemeinschaft

1958 lagen die Produktionsziffern der europäischen Wirtschaftsgemeinschaft für Gas wie folgt:

	Milliarden m³
Gaswerke	7
Kokereien	33,5
Hochöfen	39,5
Erdgas u. Grubengas	14,5
Sonstiges	1
Insgesamt:	95,5

Der Gasverbrauch der Gemeinschaft nimmt ständig zu. Von 54 Milliarden m³ im Jahre 1955 ist er auf 60 Milliarden m³ im Jahre 1959 gestiegen, was einer Zunahme um 11% in 4 Jahren entspricht. Die Zuwachsrate wird sich in den nächsten Jahren durch die Erdgasgewinnung in Lacq noch weiter erhöhen.

Der Gasverbrauch in der Gemeinschaft verteilt sich folgendermaßen:

Eisen- und Stahlindustrie	30%
Verschiedene Industrien	28%
Stromerzeugung	23%
Haushaltungen und sonstige Verbraucher	19%

(Nach Dok. Nr. 8055/59 „Kommission der EWG, Kommission der EAG, Hohe Behörde der EGKS, Luxemburg)

Erdöl / Erdgas

Westeuropäische Ölfernleitungen

Über die in der Abbildung wiedergegebenen Ölfernleitungen brachte die „Brennstoff-Chemie" Bd. 41 (1960), Nr. 2, S. 12, folgende Aufstellung (s. auch Abb. unten rechts):

Trasse	Länge	Durchmesser	Durchfließleistung (Mill. t)		Fertigstellungstermin
	km	cm	Anfang	Höchste	
Neue Rohölleitungen					
Wilhelmshaven –Wesseling (b. Köln)	385	70	9	22	seit Jan. 1959 in Betrieb
Rotterdam–Venlo–Wesseling	290	60	8¹/₂	20	Juli 1960
Wesel–Gelsenkirchen	45	40	4	6	in Betrieb
Lavéra–Straßburg–Karlsruhe	760	70/80	10	30	Ende 1962
Genua–Norditalien –Aigle	420	65/50	6	12	Ende 1961
Aigle–München	450	45	–	5	Schwebender Vorschlag
Bestehende Rohölleitungen					
Le Havre–Petite Couronne	77	35	–	3	
Parentis–Bec d'Ambès	120	30	1¹/₂	3	
Genua–Rho	129	30	1,1	2	
Vado–Trecate	152	20/15	1	1,3	
Bestehende Benzinleitung					
Le Havre–Paris	243	25	1,3	2,2	

E.

Vorausschätzung der westdeutschen Rohölgewinnung

Der Wirtschaftsverband Erdölgewinnung e. V. gibt jährlich eine Vorausschätzung der westdeutschen Rohölproduktion für die nächsten fünf Jahre. Diese Prognosen haben sich bisher immer dadurch ausgezeichnet, daß sie die Entwicklungsmöglichkeiten unterschätzt haben. Im folgenden werden die Schätzungen von Ende 1958 und 1959 wiedergegeben:

	1959	1960	1961	1962	1963	1964
Vorausschätzung Ende 1958	5012334	5147908	5251604	5416804	5567280	
Vorausschätzung Ende 1959	–	5605183	5835594	6060744	6254020	6493520

Münchens Erdgasverbrauch

Die Stadtverwaltung München bezieht jetzt täglich etwa 1/2 Mill. m³ Erdgas aus dem Molassevorkommen von Isen, Ampfing und Steinkirchen. Die bisherigen Gasanstalten werden stillgelegt und durch Methan-Spaltanlagen ersetzt. Hier leitet man Wasserdampf und Luft bei 1200—1400° C zu dem Methan und erreicht damit eine Herabminderung seiner hohen Heizkraft auf die des Stadtgases. Das Münchener Stadtgas hatte sich vor der Methanverwendung aus 60% Kohlengas, 30% Wassergas und 10% Generator- bzw. Klärgas zusammengesetzt. Das schwefelfreie Methangas hat fast die dreifache Wärmekraft des Münchener Stadtgases. Die 275000 Münchener Gasabnehmer sind daher lebhaft daran interessiert, an Stelle des teuren und wenig heizkräftigen Spaltgases mit billigem Methangas (über 9000 WE) versorgt zu werden. E.

Erdgas aus dem Malm

Nach „Erdöl und Kohle" 1960, S. 228, wurde südlich des Ölfeldes Hemmelte-West die Bohrung Farwick 1 im Obermalm 2 gasfündig. Speicherfähige Gesteine mit schwachen Ölanzeichen waren im Obermalm, Kimmeridge und in den Oberdogger-Sandsteinen vorhanden. Die Sandsteine des restölimprägnierten Oberdoggers waren verwässert. Im Obermalm 1 und im Oberen Kimmeridge wurden Zuflüsse von Gas in unwirtschaftlichen Mengen und von Salzwasser getestet. Nach Perforation eines 5 m mächtigen Horizontes im Oberen Malm 2 wurde ein Gaszustrom von rd. 500 Nm³/h durch eine 4-mm-Düse gemessen. Ebenfalls Gas in mesozoischen Schichten führen die Felder Thönse und Meerdorf.

Das Farwick-Gas hat folgende Zusammensetzung:
82,8% CH_4; 4,0% C_2H_6; 1,8% C_3H_8; 0,4% CO_2; 11,0% N_2.
E.

Erdölhöffigkeit des norddeutschen Paläozoikums

Die folgenden Absätze bilden den Schluß eines Aufsatzes von E. MALZAHN: „Die Strukturtypen der deutschen Erdöllagerstätten, Stand und Aussichten der heimischen Erdölgewinnung" in „Erdöl und Kohle", Jg. 13 (1960), S. 128:

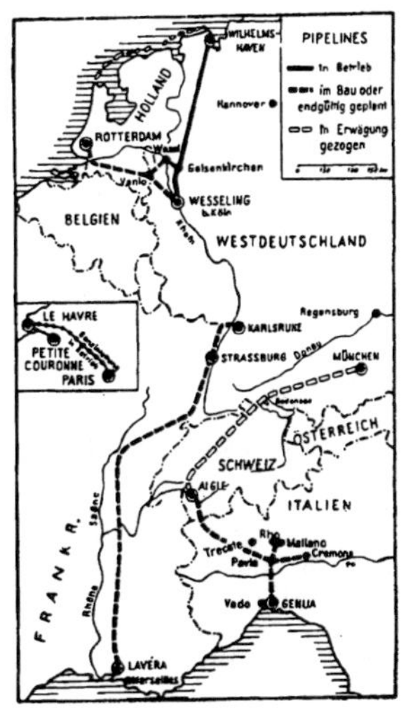

„Im nordwestdeutschen Gebiet wird die Mächtigkeit der vom Paläozoikum bis zum Quartär reichenden Sedimentdecke auf 8000 m und mehr geschätzt. Gemessen an der Tiefenlage der bekannten Förderhorizonte, sind die Schichten unterhalb von 3000 m ölgeologisch noch nahezu unbekannt bzw. wenig erschlossen.

In neuerer Zeit hat sich die deutsche Erdölindustrie in zunehmendem Maße mit der Erschließung der Schichten von 2000 bis 4000 m befaßt. Hierbei konzentrierte sich die Suche nach Kohlenwasserstoffen auf die Untersuchung höffiger Horizonte im Zechstein und älteren Formationen; eine Reihe erdgasführender Strukturen ist in den letzten Jahren im Zechstein des Emslandes und im Gebiet zwischen Weser und Ems entdeckt worden. Hier sind die neuen Erdgasfelder Deblinghausen, Buchhorst, Kalle, Esche und Wielen zu erwähnen.

Unter dem Zechstein folgen, wie wir aus Tagesaufschlüssen an den Rändern des Norddeutschen Flachlandes wissen, in einem tieferen Stockwerk die Schichten des Rotliegenden, des Karbons, Devons und vornehmlich auch des älteren Paläozoikums. So hat kürzlich die bei Emden niedergebrachte Bohrung Grothusen Z 1 von rd. 3552 m Teufe ab unter Zechstein und Rotliegendem noch flözführendes Oberkarbon (Westfal D und C) nachweisen können. Nach Trusheim wurden rd. 50 Kohlenflöze mit einer Gesamtmächtigkeit von 13 m nachgewiesen. Von großem ölgeologischem Interesse ist die Tatsache, daß in mehreren Horizonten des Westfal C zwischen 3490 und 4236 m Teufe neben brennbaren Gasen (75% Methan, 15% höhere Kohlenwasserstoffe) auch Leichtöl in geringen Mengen nachgewiesen wurde; für eine wirtschaftliche Förderung waren beide nicht ausreichend.

In den paläozoischen Schichten sind in ähnlicher Weise, wie es in dem schon bekannten oberen Stockwerk der Fall ist, auch bituminöse Schichten und für Öl und Gas speicherfähige Gesteine vorhanden.

Für die deutsche Erdölindustrie ergibt sich daraus die Aufgabe zur Erforschung und Erschließung des tieferen Stockwerkes. Daß daneben auch noch die weitere Durchforschung des oberen Stockwerkes im Bereich der bekannten Becken und Tröge erfolgversprechend sein kann, beweisen die Funde der letzten Jahre. Von den zahlreichen neuen Entdeckungen der Jahre 1958/59 seien nur die Lagerstätte am Ostrand des Ostholsteinischen Juratroges Plön-Ost und die erste Fazies-Ölfalle im Bentheimer Sandstein Bramhar-Wettrup als die bedeutendsten genannt. Seit 1957 laufen die ersten Versuche zur Erkundung der vorsalinaren Schichten. An einzelnen Stellen ist schon das Rotliegende bzw. auch das Karbon oder das Devon angebohrt worden. Die unter dem Zechstein liegenden Schichten sind jedoch praktisch noch unbekannt." E.

Japan fördert arabisches Rohöl

Die 1959 gegründete japanische „Arabian Oil-Company" ist vor der Küste von Kuwait in 1600 m Teufe gut fündig geworden. Weitere 8 Sonden sollen noch im laufenden Jahr abgebohrt werden.

Das Ziel, bis 1965 durch 43 Sonden eine Jahresproduktion von 10 Mill. t zu erreichen und damit etwa die Hälfte des voraussichtlichen japanischen Bedarfs zu decken, dürfte erreicht werden.

Die japanische Gesellschaft hat dem Scheich von Kuwait einen 57%igen Gewinnanteil von der Förderung, den Raffinerieerzeugnissen und vom Handelsumsatz garantiert. E.

Perspektive der Erdgasgewinnung in den USA

Die Phillips Petroleum Co hat den Bundesbehörden eine Denkschrift über die Erdgasprobleme der USA vorgelegt. Nach „Oil and Gas Journal" vom 14. 3. 1960, S. 160—175 steigen schon seit mehreren Jahren die Erdgasvorräte nicht mehr an, weil der Verbrauch ebenso groß wie die neuen Erkundungsergebnisse ist.

Um eine Krise in der Erdgasversorgung zu vermeiden, müßte die Suche nach Erdgas sofort energisch intensiviert werden. Die großen Methangasfelder Panhandle-Hugoton (Texas, Oklahoma, Kansas), San Juan Mesaverde (New Mexiko, Colorado), Monroe (Louisiana) und Carthago (Osttexas) gehen allmählich ihrer Erschöpfung entgegen. In den letzten 10 Jahren ist kein einziges neues Gasfeld von ähnlicher Ausdehnung in den USA aufgefunden worden. An der Golfküste hat man festgestellt, daß Bohrungen bis 2500 m Teufe durchschnittlich 54% Gas- und 46% Rohölvorräte ergeben. Bohrungen unter 3000 m erbrachten im Durchschnitt 63% Gas- und Gaskondensatvorräte gegen 37% an Ölvorräten; Bohrungen von 3500 m Tiefe ergaben 70% Gas bzw. Kondensate und nur noch 30% Rohöl. Deshalb müsse man tiefer bohren, um die gasreichen Kondensatlagerstätten aufzuschließen.

Neben der Zahl der Gasbohrungen ist auch die geophysikalische Tätigkeit zurückgegangen. Von 1945—1948 betrug der Rückgang 30%, die geophysikalischen Messungen erreichten damit den niedrigsten Stand seit dem Weltkrieg. In der Erdgasindustrie sind 18 Mrd. $ angelegt. Davon entfallen 6 Mrd. $ auf Fernleitungen und 8 Mrd. $ auf Verteilerleitungen. E.

Steinkohle, Erdöl und Erdgas in der Sowjetunion

Mitte 1959 weilte unter Führung von Dr. ANDERHEGGEN eine Studiengruppe des Ruhrbergbaus in der Sowjetunion. Nunmehr ist über die Beobachtungen der Teilnehmer ein Bericht erschienen, der vom Steinkohlenbergbau publiziert wurde. Das „Handelsblatt", Düsseldorf, vom 22. 3. 1960 berichtet unter der Überschrift: „Sowjets verbessern Mechanisierung untertage" unter anderem darüber:

„Dr. ANDERHEGGEN betont, daß die UdSSR wahrscheinlich das kohlenreichste Land der Erde sei. Nach neueren Angaben betragen die bauwürdigen Vorkommen bis zu einer Teufe von 600 m 3,68 Billionen t, die Gesamtvorräte bis zu einer Teufe von 1800 m werden auf 8,67 Billionen t geschätzt (im Vergleich hierzu betragen die Kohlenvorräte der USA 3,8 Billionen t, die des Ruhrreviers bis zu einer Teufe von 1200 m 65 Mrd. t). Die größten Kohlenreserven der Sowjetunion liegen in den wirtschaftlich wenig entwickelten nordsibirischen Gebieten und in Südsibirien.

Die sowjetrussische Kohlenförderung ist durch den Bau zahlreicher neuer Schachtanlagen in den schon früher aufgeschlossenen Kohlenrevieren (insbesondere im Donezbecken) durch den Ausbau und die Modernisierung der bestehenden Gruben und die weitgehende Mechanisierung der Kohlengewinnung, den Aufschluß neuer Lagerstätten, die Anlegung großer Tagebaue usw. in einem für westeuropäische Verhältnisse kaum vorstellbarem Maße gesteigert worden: 1958 = 353 Mill. t Steinkohle und 143 Mill. t Braunkohle, damit wurde die Kohlenförderung der USA (1958 = 383 Mill. t) um mehr als 100 Mill. t überschritten. Nach russischen Berechnungen bringt jede t Förderung aus Tagebauen in den östlichen Gebieten der Union eine Ersparnis von rd. 70 Rubeln gegenüber der Versorgung dieser Gebiete aus dem Donezrevier, die Kapitalaufwendungen je t Förderung Jahreskapazität sollen für die Tagebaue angeblich um 150 Rubel niedriger liegen.

Besondere Bedeutung wird künftig den Kohlenrevieren östlich des Ural (vor allem dem Kusnezk-Becken) beigemessen, hier steht eine vorzügliche Steinkohle unter besonders günstigen geologischen Bedingungen an. Bis zu 2,5 Mrd. t Kohle (davon mehr als 30% Kokskohle) können in diesem Gebiet im Tagebau gewonnen werden. Wenn auch zur Zeit das Donezbecken mit einer Jahresförderung von 168 Mill. t noch die Förderspitze aller Kohlenreviere der Sowjetunion hält, so konnte das Kusnezk-Becken bereits auf den zweiten Platz rücken (Jahresförderung mehr als 70 Mill. t). Es ist geplant, die Gesamtförderung der UdSSR auf rd. 600 Mill. t im Jahre 1965 zu steigern.

Die Ölreserven der Sowjetunion werden zur Zeit auf 6 bis 20 Mrd. t geschätzt, die ergiebigsten Erdgas-Lagerstätten liegen anscheinend im Kaukasus, wo das Gas zusammen mit dem Erdöl anfällt. Auch in anderen Landesteilen sind große Reserven erschlossen worden, so daß die Gesamtvorkommen an Erdgas von sowjetischen Fachleuten mit 1 Trillion cbm angegeben werden, die mutmaßlichen Reserven sollen nach anderen Schätzungen sogar 20 Trillionen cbm betragen (diese Mengen entsprechen einem Kohlenvorrat von 1,4 bzw. 28 Billionen Tonnen)." E.

Aus der brasilianischen Erdölindustrie

Brasilien mußte bisher für etwa 300 Mill. $ Rohöl- und Erdölprodukte einführen. Die Regierung ist bestrebt, diese Importe durch Steigerung der Inlandsgewinnung zu reduzieren und bis 1965 das Land völlig von Importen unabhängig zu machen. In diesem Sinne arbeitet die Staatliche Erdölgesellschaft „Petrobras". Von den 101 Bohrungen, die sie 1959 durchführte, waren 58 positiv. Seit 1954 sind im ganzen 453 Bohrungen niedergebracht worden. Die „Petrobras" verfügt über 54 Bohrgarnituren, will jedoch ihren Bohrpark auf 150 Stück erhöhen. Für 1961 rechnet man mit einer 38%igen Deckung des Inlandsbedarfes von etwa 14 Mill. jato.

Zwei Drittel der Mineralölprodukte, die bisher eingeführt werden mußten, können bereits im Lande selbst hergestellt werden. Die in Produktion stehenden Ölfelder liegen im Recôncavo, im Staate Alagôas und bei Nova Olinda am Amazonas. Von geologischer Seite wird angenommen, daß sich die höffigen Strukturen von Venezuela und Bolivien weit in brasilianisches Gebiet hinein erstrecken.

In Santos wurde eine Propangas- und Kunstdüngerfabrik, in Rio de Janeiro ein Werk für synthetischen Kautschuk in Betrieb genommen. Von Santos nach São Paulo befindet sich eine Fernleitung im Bau. 11 auf Stapel liegende Tanker werden die bisherige Ölflotte von 29 Einheiten mit 304000 t um 227000 t verstärken.

E.

Neue Ölschiefergrube in Nordostchina

Bei Fuschun, im größten Steinkohlenrevier Chinas, wurde der erste Abschnitt eines großen Ölschiefertagebaues in Betrieb genommen. Die moderne Grube wurde mit sowjetischer Hilfe projektiert und mit Maschinen aus der ČSSR ausgerüstet. Der Betriebsablauf ist weitgehend mechanisiert und automatisiert.

ODER

Algerisches Rohöl

Im April 1960 waren im Erdölfeld Hassi Messaoud 55 Sonden fertiggestellt, von denen bis auf drei alle fündig geworden waren. Bei der Förderung entfallen auf 1 m^3 Rohöl 200 m^3 Rohgas. Ab Ende April nach der Fertigstellung der Pumpanlagen in Haoud el Hamra kann die Fernleitung nach Bougie 9,3 Mill. jato transportieren. Im Juni 1961 soll die volle Leistung der Fernleitung mit 14 Mill. jato erreicht werden. Ein Teil des in der Entgasungsanlage anfallenden Erdölgases wird in einem Kraftwerk von 25000 kW verfeuert, der größte Teil aber nutzlos abgefackelt.

Je t nachgewiesenen und gewinnbaren Rohöls entstanden etwa 2,50 DM an Suchkosten. Im mittleren Orient liegen diese Kosten etwa bei 1,50 DM, in den USA bei 37,50 DM. Man rechnet damit, daß auf dem Weltmarkt das algerische Rohöl zu einem um 20,— DM höheren Preis als das Rohöl aus dem Persischen Golf angeboten werden wird. Der Gestehungspreis für saudiarabisches Rohöl soll bei etwa 13,— DM pro t liegen.

E.

Zur Planung von Erdölraffinerien

Die Föderation „Europäischer Gewässerschutz" hat zur Bekämpfung der Verschmutzung ober- und unterirdischer Gewässer und der Luft durch Abfallprodukte aus Mineralölraffinerien folgende Forderungen erhoben:

1. Schon bei der Standortwahl von Raffinerien sind die Interessen der Allgemeinheit voll zu berücksichtigen. Dabei ist den örtlichen, hydrologischen, klimatologischen und meteorologischen Verhältnissen Rechnung zu tragen.
2. Bei der Planung von Raffineriebetrieben müssen die Belange der Wasserwirtschaft nach Menge und Belastung des Abwassers berücksichtigt werden. Es empfiehlt sich, das im Betrieb verwendete Wasser in getrennte Teilströme (Produktions-, Kühl- und häusliche Abwässer) so aufzugliedern, daß die Entstehung von verunreinigtem Wasser auf ein Mindestmaß beschränkt wird.
3. Zur Reinhaltung der Luft sollen anfallende übelriechende Stoffe insbesondere Gase und Dämpfe, möglichst vollständig zurückgehalten werden.
4. Die Festlegung einheitlicher Überwachungsmethoden und Meßverfahren erscheint erforderlich.
5. Die Föderation „Europäischer Gewässerschutz" empfiehlt für das gesamte Fachgebiet der Ölfernleitung und der Aufbereitung einen internationalen Erfahrungsaustausch.

E.

Eisenerze

Versuchsschacht bei Staffhorst/Schwaförden

In den letzten drei Jahren konnten mit Hilfe von geophysikalischen Untersuchungsmethoden größere bauwürdige Eisenerzlager bei Staffhorst (südlich Bremen) nachgewiesen werden.

Zur eingehenden Untersuchung der in 900-1400 m Teufe aufgefundenen Lagerstätte sollen ein Versuchsschacht abgeteuft und im Erzlager Versuchsstrecken aufgefahren werden. Da in den genannten Teufen mit großen Schwierigkeiten durch Gebirgsdruck, Wasserzuflüsse und Temperatur gerechnet wird, muß durch anschließende Abbauversuche die bergtechnisch günstigste und wirtschaftlichste Gewinnbarkeit des Erzes festgestellt werden.

Die Abteuf- und Untersuchungsarbeiten werden ca. 5 Jahre dauern. Bei einem positiven Ergebnis soll der Endausbau der Anlage erfolgen, so daß nach weiteren 5—7 Jahren mit der Aufnahme der Erzförderung gerechnet werden kann. Es ist eine Jahresförderung von 2 Mill. t vorgesehen.

Man hofft, noch in diesem Jahr mit den Arbeiten beginnen zu können.

STRUFFMANN

Indische Stahlwerke

Im in Kairo erschienenen „Informations-Bulletin" der sowjetischen Botschaft teilte der Direktor der indischen Presseagentur über die Erfahrungen beim Aufbau der indischen Eisen- und Stahlindustrie mit: Beim Vergleich zwischen den drei großen Stahlwerken Bhilai (von der UdSSR gebaut), Rourkela (von Westdeutschland) und Durgapur (von Großbritannien) ergibt sich:

Das beste Werk und die größte Hilfe kam von der Sowjetunion; das schlechteste Werk und die geringste Hilfe kamen aus Westdeutschland. Während die Sowjetunion indische Stahlwerker teils in Indien, teils in der Sowjetunion zu Spezialisten ausbildet, wurde dies von westdeutscher Seite aus nicht in dem gleichen Maße durchgeführt. Denn, „nach den Vereinbarungen mit dem westdeutschen Konzern war eine Teilnahme und Ausbildung der Inder begrenzt". Die Sowjetunion gab Indien Kredite zum Jahreszinssatz von 2,5%, Westdeutschland forderte 12%! „Es werden nach den letzten Schätzungen das Rourkela-Werk (Demag) 1700 Mill. Rupien, Durgapur (britisch) 1375 Mill. Rupien und Bhilhai (Sowjetunion) 1310 Mill. Rupien kosten.

E.

Holländischer Eisenerzbezug

In den Eisenerzbezügen des Eisenhüttenwerkes Ijmuiden haben sich in den letzten 30 Jahren folgende Veränderungen vollzogen:

1927: 82% aus Europa und 18% aus Nordafrika;
1937: 70% aus Europa, 27% aus Nordafrika und 3% aus weiter entfernt gelegenen Gebieten;
1959: 25% aus Europa, 12% aus Nordafrika und 63% aus Mittelafrika, Nord- und Südamerika.

E.

Neues Eisenerzvorkommen in Venezuela

Der Staatspräsident BETANCOURT gab bekannt, daß am Cerro San Isidro ausgedehnte Eisenerzlagerstätten mit einem Durchschnittsgehalt von 70% Fe erkundet wurden. Die Lagerstätten wurden zum Staatseigentum erklärt. Ihre Vorräte sollen doppelt so groß sein wie die des Cerro Bolivar. 1959 hatte die Eisenerzförderung von Cerro Bolivar und El Pao 17,4 Mill. t (1958: 15,4 Mill. t) erreicht.

E.

NE-Erze

Kubas Nickelproduktion

Die Produktion der Nickelhütte Nicaro soll auf etwa 25000 jato Ni-Gehalt in Form von Nickeloxyd gebracht werden. Die Nickelerze treten in Nicaro in drei Varietäten auf: in Nickel-Hydro-Silikaten über Serpentiniten, in dunkelbraunen bis schwarzen manganhaltigen Mulmen, die neben Ni noch Co und Fe enthalten, sowie in nickelhaltigen Lateriten. Der Durchschnittsgehalt der Nicaroerze wurde auf 1,37% Ni berechnet. Im Ostteil der Insel wurde in der Provinz Oriente im Moa-Bay-Distrikt mit der Förderung und Aufbereitung von Limoniten mit einem Durchschnittsgehalt von 1,35% Ni und 0,14% Co begonnen. In Nicaro wird das Erz nach einem Ammoniakverfahren in Nickeloxyd umgewandelt; in Moa Bay werden Nickel-Kobalt-Sulfide durch flüssigen Schwefelwasserstoff aufgeschlossen.

E.

Inbetriebnahme einer neuen Blei-Zink-Erzgrube

Mit Unterstützung bulgarischer Fachleute und Betriebe konnte in der Autonomen Region Kwangsi chuan die Szeting-Blei-Zink-Erzgrube aufgebaut und kürzlich in Betrieb genommen werden. Bulgarien hatte die Projektierung der gesamten Anlage und die Lieferung der Ausrüstung für Grube und Aufbereitung übernommen, bulgarische Fachleute leiteten den Aufbau und blieben zur Einarbeitung der Belegschaft.

ODER

Manganerzexport aus Brasilien

Manganerz wird aus dem Bezirk Amapá, der nördlich der Amazonasmündung liegt und 137000 km^2 groß ist, sowie aus dem Bezirk Corumbá, der an der brasilianisch-bolivianischen Grenze am Paraná-Fluß im SW des Staates Mato Grosso liegt, gefördert.

In Amapá herrscht die Bethlehem-Steel, in Corumbá die United Steel. Eine Erzbahn von 200 km Länge führt von Amapá zum Hafen Macapá. Man rechnet mit einem jährlichen Export von 700000 bis zu 1 Mill. t. Zum Abtransport der Erze von Corumbá, die zunächst auf dem Paraná und dem Uruguay flußabwärts transportiert werden, haben die Amerikaner in dem Freihafen von Uruguay, Nueva Palmira, moderne Umschlags- und Einlagerungsanlagen gebaut. Für die Beladung eines 20000-t-Erzfrachters werden nur 12 Mann benötigt. E.

Erzpreise

Das Deutsche Institut für Marktforschung gibt Warenberichte heraus, deren Studium auch für den Geologen, der sich mit Erzpreisen und -qualitäten, Vorratsberechnungen, Standortfestlegungen u. dgl. zu befassen hat, von großem Wert ist. In der Serie „Rohstoffe und Preise" erschien 1959 das Heft Nr. 14 „Zur Lage auf dem Weltmarkt für Zinkerz und Zinkmetall".

Ein längerer Auszug wurde von A. KUREK unter dem gleichen Titel in „Bergbautechnik" 1960, S. 201–208, veröffentlicht.

1960 erschien als Heft Nr. 2 dieses Jahrganges: „Zur Lage auf dem Weltmarkt für Nickelerz und Nickelmetall". In diesem Heft wird z. B. eine sehr eingehende Beschreibung der Nickelerzproduktionsländer, der Nickelhütten, der Förderung und der Erzqualitäten gegeben. Über Neuerscheinungen dieser sehr beachtenswerten Serie werden wir, soweit sie die Lagerstättenforschung und die Gewinnung mineralischer Rohstoffe tangieren, laufend berichten.

E.

Sonstiges

Neues sowjetisches Bohrgerät für den Abbau von Eisenerzen im Tagebau

Die Sowjetunion entwickelte für den Abbau von Eisenerzen im Tagebau ein neuartiges Bohraggregat, das zu einer Steigerung der Arbeitsproduktivität auf 300% geführt hat. Im Versuchsbetrieb erreichte der Bohrer eine Leistung von 24 m pro Stunde. Als Versuchsgestein diente roter Granit. Der Bohrlochdurchmesser betrug 250 mm. Der Bohrer arbeitet nach dem Prinzip eines Raketentriebwerkes. Der Brenner mit der Verbrennungskammer befindet sich an der „Speerspitze", während sich auf einer Seite in einer Kammer die Zerstäuber für das verwendete Petroleum und den Sauerstoff befinden. Auf der anderen Seite ist eine Düse angebracht, der die auf über 3000° erhitzten Gase mit Überschallgeschwindigkeit entströmen.

Die Kosten der Bohrarbeiten sinken durch dieses Verfahren um 50%. Das Gewicht der Anlage wird mit einem Fünftel des Gewichtes einer Hammer-Seil-Bohranlage angegeben. Das Gerät hat zusammen mit den erforderlichen Brennstoffbehältern auf einem LKW gut Platz.

KLARNER

Die südafrikanische Gold- und Uranindustrie in den Jahren 1955 bis 1958

	Einheit	1955	1956	1957	1958
Gold					
Roherzförderung	Mio t	59,95	61,22	59,95	58,41
Gehalt an Au	g/t	7,34	7,83	8,60	9,00
Metallinhalt	kg	440033	479353	515570	525690
Wert d. Metallinhaltes	Mio £[1])	182,7	199,7	207,7	215,2
Uran					
Tonnen verarbeiteter Goldschlamm	Mio t	–	17,33	19,59	21,31
Gehalt an Uranoxyd	g/t	–	235	255	260
Metallinhalt Uranoxyd	t	2721	3991	5170	5669
Wert d. Metallinhaltes	Mio £[1])	30,0	38,7	49,9	53,2

[1]) 1 £ = 11,76 DM

–ul–

Kurznachrichten

Die **belgische** Regierung hat der Shell-Gruppe ein 263000 ha umfassendes Konzessionsgebiet für **Erdölerkundungen** in Teilen der Provinzen Hennegau, Namur, Lüttich und Luxemburg zuerteilt.

Die **holländische Rohölförderung** ist 1959 auf fast 1,8 Mill. t, die Erdgasgewinnung um 25% auf 188 Mill. m³ gestiegen.

Die **österreichische Rohölproduktion** sank 1959 auf weniger als 2,5 Mill. t ab, während gleichzeitig die Erdgasproduktion auf fast 1,13 Mrd. m³ anstieg.

Auf dem **Erdölfeld** Afam (**Nigerien**) wird ein Gasturbinen-Kraftwerk errichtet, das Port Harcourt mit elektrischem Strom versorgen und Erdölgase als Brennstoff auswerten wird.

Die voraussichtliche Rohölförderung der Franczone wurde nach dem Bulletin des **französischen Ölforschungsbüros** vom 29. 1. 60 für das laufende Jahr auf ca. 12 Mill. t geschätzt.

In **Baschkirien** lagert man im Salzgebirge in unterirdischen Hohlräumen mit gutem Erfolg und ohne Verdunstungsverluste **Erdöl** und Flüssiggase ein.

Die **Rohölförderung Nigerias** wird für 1960 auf 1,5–2,0, für 1965 auf 4,0 bis 5,0 Mill. jato vorausgeschätzt.

Nach Ermittlungen des US-Büro of Mines erreichte die **Rohölförderung** der **USA** 1959 etwa 347,4 Mill. t, die Erdgasförderung 322,8 Milliarden m³.

Der Verbrauch von **Erdgas** und Erdölgas stieg in **Westdeutschland** 1959 um fast 25% und entsprach kalorienmäßig 1,2 Mrd. m³ Stadtgas.

Die **Erdgasförderung Italiens** erreichte 1959 etwa 5,7 Mrd. m³, das sind 12% mehr als 1958.

Die **westdeutsche Steinkohlenförderung** betrug im Jahre 1959 115 Mill. t. Gegenüber dem Vorjahr ging sie um 7,5 Mill. t zurück.

Im Angren-Becken in **Usbekistan** will man 1965 ca. 5,7 Mill. t **Steinkohle** fördern. Die Kohle wird mittels mächtiger Rotor- und Schreitbagger sowie hydraulisch im Tagebau gewonnen.

Die **Lignit**förderung der staatlichen Gruben soll in der **Türkei** auf über 4 Mill. jato erhöht werden. Im privaten Bergbau werden etwa 1,2 Mill. jato Lignit gefördert.

Die spanische Eisenerzproduktion betrug 1959 ca. 4,7 Mill. t.

Von den in Lovosio in der nördlichen **ČSSR** geförderten Rohsteinen werden jährlich etwa 6 Mill. **Granat**schmucksteine in Größen von 2–5 mm geschnitten.

In der **schwedischen** Provinz Dolarna wurde eine **Bleierzgrube,** deren Vorräte auf 3 Mill. t berechnet wurden, in Betrieb genommen. Die Jahresförderung soll 150000 t Erz erreichen.

Nach Mitteilung des **iranischen** Bergbauministeriums wurden 1958 23000 t **Bleierze** nach der UdSSR importiert.

Die **indische Förderung** an **Blei-** und **Zinkerzen** erreichte 1959 rd. 162000 t, das waren 38% mehr als im Vorjahr.

Die **britische** Regierung beabsichtigt, ihre strategische **Zinkreserve** von 53000 long tons im Laufe der nächsten 4 Jahre aufzulösen.

Die **westdeutschen** Werke erzeugten 1959 ca. 1,8 Mill. t **Reinkali,** gegen über ca. 1,7 Mill. t im Jahre 1958.

1959 wurden aus **Italien** 29138 t **Schwefel** gegenüber 30600 t 1958 exportiert. **Mexiko** produzierte 1959 1379000 long tons Schwefel und exportierte hiervon etwa 1 Mill. t.

Bei Prades (**Südfrankreich**) wird eine **Flußspataufbereitungsanlage** mit einer jährlichen Durchsatzleistung von 35000 t errichtet.

In Taiba (**Senegal**) ist mit der Gewinnung von **Rohphosphat** begonnen worden. Man rechnet zunächst mit einer Jahresförderung von 700000 t.

Kanada wird in Kürze mit der Gewinnung von **Helium** beginnen. He-haltiges Erdgas wurde in Saskatchewan in einem Gebiet von 400000 ha nachgewiesen.

Die im **Nordural** aufgefundenen **Diamantseifen** enthalten einen hohen Prozentsatz an Schmucksteinen.

In den nächsten Heften
der
Zeitschrift
für angewandte Geologie

erscheinen u. a. folgende Beiträge:

F. STAMMBERGER: Zur Festlegung der Konditionen für mineralische Rohstoffe, Beitrag zur Ausarbeitung einer Methodik für die DDR (2)

J. KNIESEL & R. RUSKE: Rohstoffübersichtskarten auf dem Gebiet der Steine und Erden für die Planung der Räte der Bezirke

E. LEWIEN: Mechanisierung der Probenahme bei untertägigen geologischen Erkundungsarbeiten

S. SNARSKI: Geologische und physikalische Verhältnisse bei der Bildung von Erdöl- und Erdgaslagerstätten

W. SCHULZ: Die natürliche Verbreitung des Ostseebernsteins und das Bernsteinvorkommen von Stubbenfelde (Usedom)

A. I. BILIBIN: Über die geochemischen Typen der orogenen Zonen

J. OTTEMANN: Quantitative Röntgenfluoreszenzanalyse auf Blei, Kupfer und Zink in Gesteinen, insbesondere in Kupferschiefer

D. STEDING & G. SCHUBERT: Überblick über die Geologie des Meßtischblattes Rothenburg und methodische Fragen der Kartierung

D. HÄNDEL: Die Betonkieslagerstätte Borna-Ost, eine Lagerstätte im Abraum der Braunkohle

K. J. KLENGEL: Ingenieurgeologische Betrachtungen zum Abtrag des Altenburger Eisenbahntunnels

Herausgeber: Staatliche Geologische Kommission und Zentrale Vorratskommission für mineralische Rohstoffe der Deutschen Demokratischen Republik. Chefredakteur: Prof. Dr. Erich Lange, Berlin. Redaktion: Berlin N 4, Invalidenstraße 44. Verlag: Akademie-Verlag GmbH, Berlin W 1, Leipziger Straße 3—4 (Fernsprecher 220441, Postscheckkonto: Berlin 35021). Bestellnummer des Heftes 1047/6/9. Die „Zeitschrift für angewandte Geologie" erscheint monatlich. Bezugspreis 2,— DM je Heft. — Satz und Druck: Druckhaus „Maxim Gorki", Altenburg. Veröffentlicht unter der Lizenznummer ZLN 5008 des Ministeriums für Kultur, Hauptverwaltung Verlagswesen. Karten: MdI der DDR Nr. 5810/K 11.
Printed in Germany

MIX
Papier | Fördert gute Waldnutzung
FSC® C083411

Zeitfracht Medien GmbH
Ferdinand-Jühlke-Straße 7
99095 Erfurt, Deutschland
produktsicherheit@kolibri360.de